非定常空化流体动力特性研究

RESEARCH ON HYDRODYNAMIC CHARACTERISTIC OF UNSTEADY CAVITY FLOW

邢彦江 著

中国建筑工业出版社

图书在版编目（CIP）数据

非定常空化流体动力特性研究/邢彦江著. —北京：中国建筑工业出版社，2020.6
ISBN 978-7-112-24975-6

Ⅰ.①非… Ⅱ.①邢… Ⅲ.①空化-流体动力学-研究 Ⅳ.①TV131.2

中国版本图书馆CIP数据核字（2020）第046536号

责任编辑：李笑然　牛　松　杨　允
责任校对：党　蕾

非定常空化流体动力特性研究
邢彦江　著
*
中国建筑工业出版社出版、发行（北京海淀三里河路9号）
各地新华书店、建筑书店经销
霸州市顺浩图文科技发展有限公司制版
北京建筑工业印刷厂印刷
*
开本：787×1092毫米　1/16　印张：9¼　字数：229千字
2020年7月第一版　2020年7月第一次印刷
定价：**38.00**元

ISBN 978-7-112-24975-6
（35727）

前　言

超空泡减阻技术是实现水下航行体高速航行的有效途径，具有广阔的应用前景。航行体运动稳定性是保障航行体有效、准确的重要先决条件之一。而空泡流非定常特性对航行体流体动力以及运动稳定性具有显著影响。因此，必须对非定常空泡流流体动力开展进一步研究，从而为超空泡减阻技术的广泛应用及改进提供必要的依据。

非定常空泡流影响因素较多，如通气不稳定性、物体运动状态变化、外界流场扰动等，国内外学者对此开展大量的研究，但多通过试验手段对空泡流非定常特性进行研究，采用数值方法对空泡流非定常特性研究多针对简单的物理模型如空化器、水翼，在几何结构上和实际水下航行体相距甚远。此外，对非定常空泡流研究多基于势流假设。考虑到航行体平衡多是通过改变舵面控制力与矢量推力实现，因此本文采用试验研究和数值研究相结合的方法对空化器转动、航行体水平尾翼运动、航行体变速运动、与航行体俯仰运动过程非定常空泡流空泡形态与航行体流体动力特性进行研究，在此基础之上，结合航行体运动方程与空泡流控制方程，给出能够准确预测超空泡航行体姿态与弹道的数值模拟方法。本文主要研究内容如下：

基于均质平衡流理论，对比分析了采用多相流模型、湍流模型、空化模型计算非定常空泡流的结果，并基于试验结果选取了合理的数学模型与计算方法。

利用通气空泡水洞开展了试验研究，得到了空化器攻角在非定常流场条件下，通气空泡形态与流体动力特性的影响规律。结合试验研究结果，采用数值模拟的方法研究了局部空泡和超空泡状态下航行体空化器转动对非定常空泡流空泡形态与航行体流体动力特性影响。

采用人工通气的方法，针对超空泡航行体尾翼进行了水洞试验研究，分析了水翼楔形角对空泡形态与流体动力影响。同时，利用数值模拟的方法研究了水平尾翼安装位置、弹出过程及其攻角等因素对非定常空泡流流体动力的影响。

采用相对运动方法，设定来流速度时间函数，实现航行体变速运动数值模拟；基于达朗贝尔原理，对流体相对运动方程进行推导，同时考虑到动坐标系牵连作用，采用流体相对运动方程代替 CFD 动量方程（N-S 方程），提高了数值模拟精度。分别对自然空化与通气空化状态下航行体变速运动过程中的空泡形态变化及流体动力特性进行了系统研究，得到了自然空化航行体加速度与空泡形态滞后时间的关系，通气空化空泡形态脉动特性。

通过数值模拟对航行体在俯仰运动过程中的超空泡流场进行了研究，得到了俯仰角速度、周期等因素对非定常空泡流流体动力的影响。

通过理论推导，得到了航行体相对于地面坐标系下的运动方程，结合 udf 二次开发，实现航行体运动方程与空泡控制方程耦合求解，建立了航行体纵平面内姿态与无控弹道的数值计算模型，得到了航行体质心位置对航行体减速运动航行体纵平面姿态与无控弹道的影响规律，为进一步对航行体弹道研究提供参考。

目　录

第1章 绪　　论

1.1 课题的来源及研究的背景、意义

海洋为人类提供了丰富的资源，世界强国都把海洋战略上升为国家核心利益，海洋经济、海洋国防更是各国重要的发展战略之一。无论是水上舰船，还是水下艇雷等航行体在海洋经济建设和海洋国防中都发挥着重要作用。能源危机是当今世界的普遍难题，如何提高航行体的能源利用率，是航行体研究的主要问题。降低流体阻力是增加航行体航行速度、提高能源利用效率的最重要手段，因此航行体减阻技术一直是国内外海洋科技领域的热点之一。

航行体在运行过程中产生三种阻力：一为兴波阻力，由于航行体自身运动引起水波从而形成的阻力，通过改进航行器形状设计可以有效减少兴波阻力；二为压差阻力，即航行体与流体相对运动时，其头部迎水区域压力升高，而尾部压力降低，他们之间的压力差而形成的阻力，其与航行体的流线型等有关；三为摩擦阻力，即航行体与周围水流相对运动，由于摩擦而形成的阻力，其与航行体沾湿面积及边界层各水层之间的切应力等有关。对于常规的水面舰船等，摩擦阻力约占总阻力的50%；而对于水下运动的航行体如鱼雷、潜艇等，这个比例可高达70%。可见摩擦阻力是影响航行体速度的主要因素，同时也是能耗的关键问题，减少航行体摩擦阻力在整个航行体减阻领域中显得尤为重要。

有关航行体减阻技术的研究早在20世纪30年代就已经相继开展。到20世纪60年代中期，基于表面越光滑摩擦阻力越小的传统思维方式，研究工作主要集中于减小表面粗糙度。经过几十年的研究，随着湍流理论的蓬勃发展，特别是试验手段的丰富，以及数值计算的兴起，使得航行体减阻技术有了更进一步的理论依据，也在工程应用中取得了突破性进展。打破了表面越光滑摩擦阻力越小的传统思维方式，仿生减阻、微气泡减阻、聚合物添加剂减阻、疏水/超疏水表面减阻、壁面振动减阻、超空泡减阻技术应运而生，并且有很好的应用前景。

1.1.1 仿生减阻

仿生减阻是指向海水中游行速度较快的动物学习，如海豚、鲨鱼等。模仿动物的表面结构和器官功能，设计减阻的航行体表面与外形。根据动物不同的表面结构特征与器官功能发展出多种仿生减阻技术。

1. 脊状表面减阻

脊状表面减阻起源于对鲨鱼等鱼类表皮的研究。试验发现只要在研究对象外表面加工具有一定形状尺寸的脊状结构，就能达到很好的减阻效果。根据脊状结构的分布规律与流体流速方向的不同，该减阻方法又可分为随行波表面减阻和沟槽表面减阻。

（1）随行波表面减阻技术

研究者从沙漠里长期经受大风洗礼的波浪状沙丘形状得到了启示，如图 1-1 所示，这种稳定的波浪状结构就是我们说的随行波减阻外形。从 20 世纪 70 年代起，Savchenka 和 Bushell 等就开展了随行波理论研究。研究发现把物体表面沿流动方向做成波浪状，在一定的流动条件下，这种波浪状结构能够在相邻波谷处产生二次流动的旋涡。并且特定参数的随行波在波谷处产生的二次流动旋涡可以是稳定的，且这些涡的旋转方向全都向着有利于外部流场流动的方向，即由来流引发了一排平行二次旋涡，这些涡使得自由来流不与固体表面接触，而是在平行的人工涡上流动，就像在壁面与来流之间放入了一排滚柱，起到了类似“滚柱轴承”的作用，使流体与壁面的滑动摩擦变成滚动摩擦，从而达到减阻的目的，其原理如图 1-2 所示。根据已有的数值计算结果，保持这种二次流动所消耗的能量与在壁湍流边界层消耗的能量相比，二次流动的能量消耗仅是壁湍流边界层的 1/8，因此随行波减阻技术潜力十分巨大。

图 1-1　沙漠中的波浪结构

（2）沟槽减阻技术

生物学家早在 19 世纪便从一亿多年前遗留下来的鲨鱼鳞片化石中发现，化石中存在一种极其微小的沿纵向分布的脊状结构，然而受当时理论条件所限，流体力学工作者无法合理解释这种特殊鳞片的形状。直到 1967 年乌克兰基辅水动力学研究所的摩科洛夫在研究涡屏蔽时，正式提出了“riblet”一词，并预测了脊状表面降低水动力阻力的可能性，随后他与 Savchenka 进行了黏性流体沿着脊状表面流动的试验与理论研究，取得了明显的减阻效果。1970 年 Johnson 对鲨鱼的阻力特性进行了理论研究，认为鲨鱼的减阻能力和它的砂纸状粗糙表皮有关。图 1-3 和图 1-4 为鲨鱼表皮在电子显微镜下的扫描图，从图中可以清晰地看到沿着身体纵向的脊状结构。这种抽象为棱纹形的非光滑表皮结构普遍被认为是鲨鱼能够在水中高速游动的重要原因。

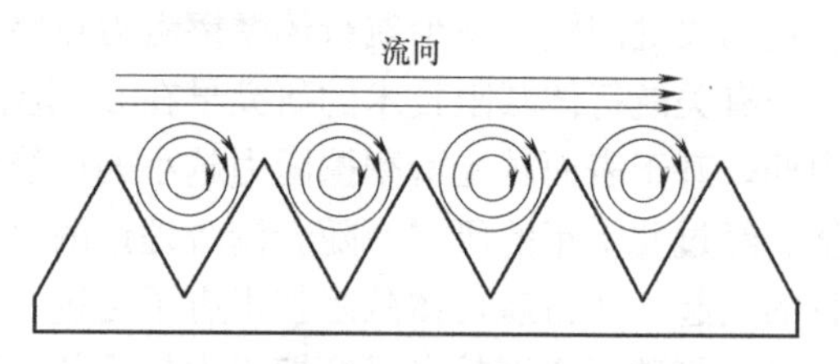

图 1-2　随行波的几何形状与流动图像

20 世纪 70 年代 NASA 兰利研究中心研究发现顺流向的微小沟槽表面能有效地降低壁面摩阻，突破了表面越光滑摩擦阻力越小的传统思维方式。20 世纪 80 年代开始，研究者通过剪切应力平衡、压力损失测试盒飞行试验等手段就沟槽表面减阻技术进行了大量独立的试验。Bechert 等人对半圆形、梯形和三角形等形状的沟槽进行对比试验研究，试验结果表明 V 形沟槽是最利于减阻的结构，具有极大的减阻潜力。

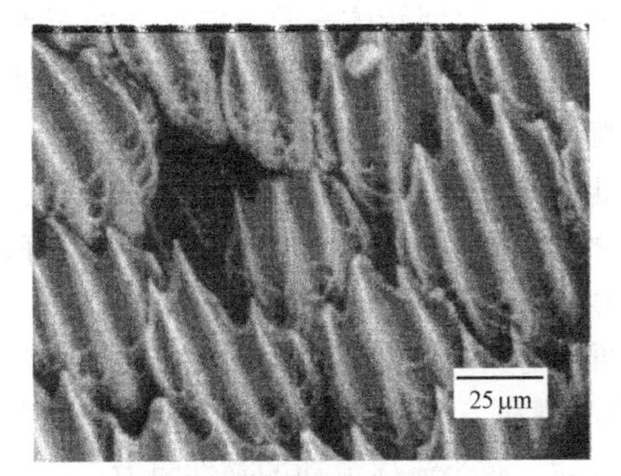

图 1-3　鲨鱼表面电子扫描图

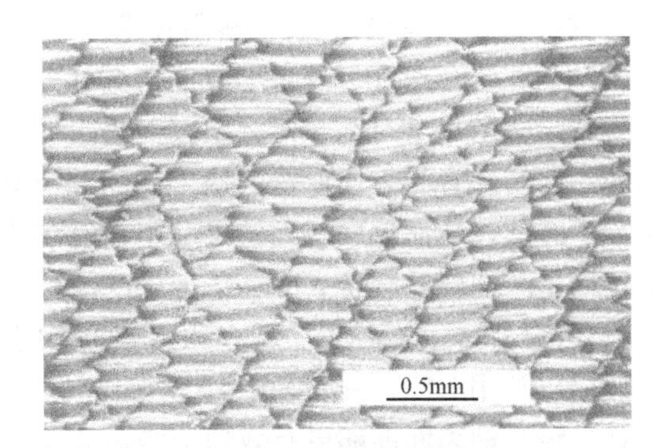

图 1-4　鲨鱼表皮结构

1984 年 Walsh[2] 的研究证实了三角形截面的锯齿形沟槽（即 V 形沟槽）有最佳减阻效果。沟槽截面形状和尺寸如图 1-5 所示，h 为高度、s 为间距、w 为跨度，并且证实其高度 h 和间距 s 的无量纲尺寸 $h+<25$ 和、$s+<30$ 时具有减阻特性，这一成果为今后的研究奠定了基础。

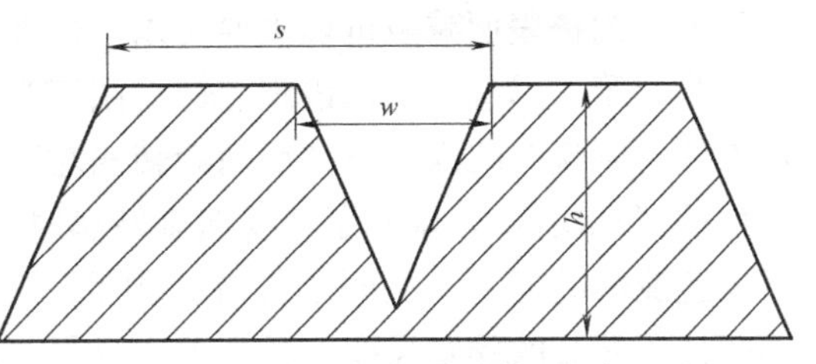

图 1-5　沟槽截面形状和尺寸

Neuman 和 Dlinkelacker[3] 在 9m/s 的轴向水流中对比不同沟槽结构的回转体与表面光滑的回转体，不同沟槽结构的回转体减阻可达 9%，在湍流区减阻效果甚至能达到 13%。Debisschop 和 Nieuwstadt[4]，通过测定逆压力梯度沟槽表面减阻的影响，发现逆压力梯度可以提高到 13%的减阻效果。

Bixler 和 Bhushan[5-6] 在封闭通道进行沟槽表面减阻的优化研究，试验参数包括几何形状、流体速度、流体黏度、沟槽组合、通道尺寸、润湿性和可伸缩性，发现低的 h 和 h/s 值、疏水纳米结构涂层等均能优化沟槽结构，用概念模型解释了漩涡和沟槽之间的交互作用，并详细地综述了近些年来沟槽表面减阻的研究进展和有关沟槽表面减阻机理的理论研究。

大量的研究工作都体现了沟槽表面减阻的可靠性和可应用性，而国外的试验研究则早已进入了工程实用阶段，空中客车公司将 A320 试验机表面积的 70%贴上沟槽薄膜，发现能够有 1%～2%的节油效果；NASA 兰利中心对 Learjet 型飞机的飞行试验实现了减阻 6%的减阻效果。

我国在沟槽表面减阻方面的研究起步较晚，在 20 世纪 80 年代后期才陆续进行相关方面的探索性研究。

王晋军等[7] 对四种沟槽板进行减阻特性的研究，发现沟槽板局部减阻最大时 $h+=16.9$、$s+=59$，此时局部阻力减少高达 13%～26%。王晋军等还利用氢气泡流动显示技术，对沟槽面湍流边界层近壁区带条结构进行流动显示研究，通过统计分析发现沟槽板湍流边界层中低速带条无量纲间距及高速带条无量纲间距均符合对数正态分布，还对低速带条与减阻特性的关系进行了初步探讨，发现沟槽板的沟槽无量纲高度和间距为 15～18 时有较好的减阻效果。

黄桥高等[8] 将脊状表面减阻技术应用于水下回转体，对回转体表面不同尺寸的V形脊状结构在多个速度下进行了数值仿真计算，通过与回转体光滑表面进行对比分析，发现了脊状结构的尺寸对回转体脊状表面减阻效果的影响规律：在同一速度下，相对光滑表面而言，回转体脊状表面所受的压差阻力略有增加，但占总阻力份额80%以上的黏性阻力则显著降低，从而形成减阻效果；当V形脊状结构的宽高比接近于1时，减阻效果较好；对于同一个回转体脊状表面，低速下的减阻效果明显较高速时更为显著。

程拼拼等[9] 设计了一种在原始V形沟槽顶部两侧增加小尺度的三角形突起的二级沟槽表面，利用RNG κ-ε 二湍流模型，比较原始V形沟槽和二级沟槽表面的流场分析数据，发现二级沟槽表面能够更有效地抑制边界层内湍流流动，减小流体流动的黏性阻力，从而具有更好的减阻效果。

目前，沟槽表面减阻机理主要为以下两种：

一为“第二涡群”论，该观点针对湍流产生机理和近壁区湍流相关结构模型而提出，该论点认为顺流向的沟槽与“反向旋转涡对”相互作用，诱发产生与“反向旋转涡对”方向相反的“二次涡”，限制了“反向旋转涡对”的展向运动，有效削弱了其集结以及向上抬升低速流体的能力，从而单位展长内低速带条的数目减少，阻碍了湍流碎发过程的进行，降低了湍流的碎发强度，提高了边界层流体运动的稳定性。这种强度较弱的湍流碎发过程，使湍流边界层的发展和边界层内动量的交换相应减弱，从而导致湍流摩擦阻力的降低。

二为从黏性理论出发的“突出高度”论。“突出高度”是指沟槽表面尖峰到表观起点所在平面的距离。该理论认为在“突出高度”以下沟槽内的流动，绝大部分为黏性所阻滞，使流动更加稳定，相当于增加了黏性底层的厚度。但是该观点只考虑了沟槽表面上的纵向流。后来通过研究沟槽表面的纵向流和横向流发现，同一沟槽表面的纵向突出高度比横向突出高度大，当横向流流过沟槽表面时，尖峰以下大部分流动为黏性所阻滞，而当纵向流流过沟槽表面时，则只有相对较小的一部分流动被阻滞，从而可以证明沟槽表面对横向流的阻滞作用远远大于对纵向流的，后来发展的“突出高度之差”理论认为，尖峰阻碍了由湍流运动引起的瞬时横流的发生，因此沟槽表面起到了使边界层内整个湍流变化减弱，从而使其摩擦力减小的作用。

2. 外加射流减阻

外加射流减阻由对鲨鱼鳃部的研究发展而来。仿生学研究发现，鲨鱼头部两侧分布有宽大的鳃部结构（图1-6），在游动过程中，伴随着呼吸作用鲨鱼鳃部的入水和出水会产生一定的射流，这种射流对鳃部的局部流场产生影响，进而影响鲨鱼的游动阻力。

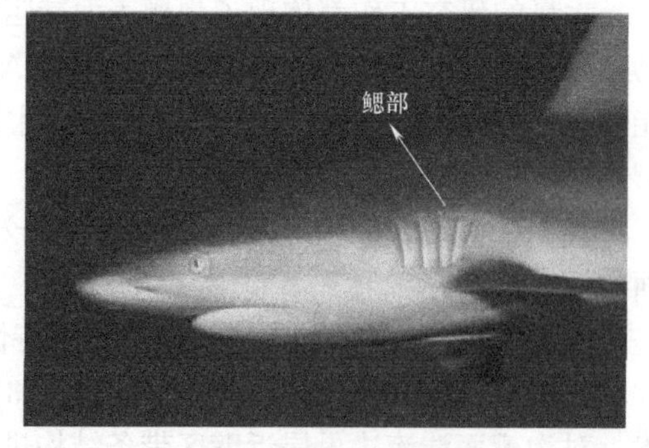

图1-6 鲨鱼鳃部特征图

射流减阻技术作为一个新兴的研究领域，大多数研究者把注意力集中在航天领域，尤其是高超声速飞行器表面减阻。国内外研究者们对侧向射流和逆向射流技术进行了一系列相关的研究，发现均有很好的减阻效果[10]。与此同时研究者们也渐渐将注意力投向了水下射流技术。赵刚等人[11-12] 基于鱼类鳃裂部位仿生射流表面理论分析，对仿生射流表面回转体进行射流试验，发现仿生射流表面具有较好的减阻效果，减阻率与试验模型转速、射流速度及射流孔径密切相关，射流最大减阻率达到10.8%。李芳等人[13] 利用RNG二湍流模型对流体在多孔仿生射流表面上的流动特性进行数值模拟，发现所建立的各个模型均具有较好的减阻效果，随着流速比的增大减阻效果更为明显，最大减阻率为59.02%。同时对仿生射流表面减阻的机理进行了初步探讨，并解释了射流表面减小摩擦阻力的原因及对近壁区边界层的控制行为。

外加射流减阻机理是改变了射流表面附近流场的流动结构，对边界层进行了有效的控制。射流过程在射流孔下游区域形成漩涡，漩涡的不断发展增强了对流场边界层的影响，导致边界层厚度增大，从而影响模型受到的黏性阻力，而漩涡的不断发展变化使射流孔壁面附近产生反向流，消耗了湍流脉动能量，抑制了边界层的湍流碎发，降低了湍流脉动阻力，反向流速度随漩涡的发展而增大，对射流出口产生逆流向的推动作用，最终导致了摩擦阻力下降，此外受射流影响，在射流孔下游存在低压区域，使射流出口壁面受到的压差阻力减小。

3. 柔性表面减阻

柔性表面减阻的生物原型是海豚的弹性表皮结构。20世纪50年代Kramer[14] 发现海豚在游动过程中其表皮存在弹性波动，且能达到较高的游动速度，试验时最大减阻率达50% 。Choi等[15] 通过水洞试验研究柔性表面的减阻效果时发现可减阻7%，且有证据显示边界层波动强度减少5% 。Pavlov[16] 运用计算机仿真的方法研究了海豚背部柔性表面的流体力学，发现柔性表面的形状参数与流体状态参数有关。Kulik等人[17] 用一种新的方法研究直接测量波动参数，波速与衰减的速率基于振幅和相位的测量，证实了柔性表面的减阻效果。Wu等人[18] 研究了不同频率、振幅和板长对柔性板流体流动特点的影响，发现柔性板和刚性板相比更能积极控制非线性流体的涡旋脱落。

国内对柔性表面减阻的研究也逐渐展开。李万平等人[19] 在船模水池试验中对柔性表面的减阻作用进行了研究，证实柔性表面在一定的速度范围内有明显的减阻作用，仅在平板一面敷设柔性壁最大减阻率达15.7%。杨晓东等人以大柔度杆与滑板系统为研究对象，根据能量平衡原理，建立了柔性系统动力学模型，定量分析了柔度与速度变化量对滑动阻力的影响规律，并与刚性系统做了对比分析，柔性系统的最大减阻率可达27.2%。蔡书鹏等人[20] 在研究柔性表面减阻中，发现柔性圆管的柔性与流体脉动的相互作用即自激振动改变了紊动流场，其减阻效果确实存在；管摩系数随R_e变化趋势因壁厚而异；管外壁位移脉动的低频方均根值与减阻率存在正相关关系；在高雷诺数下，由于使用理论模型计算的管径膨胀引起的减阻率偏低，单重管的减阻率比实际值偏高；柔性管的壁压脉动强度受到大幅抑制；柔性管外壁的位移脉动与壁压脉动基本同步。顾建农等人[21] 利用PIV粒子图像测速技术测量不同性能的柔性壁对湍流边界层的减阻效果，并与刚性壁进行对比分析，发现柔性壁面的边界层速度分布在对数律上有所平移，具有特定性能的柔性壁有一定的减阻作用。田丽梅等人[22] 设计了一种形态/柔性材料二元仿生耦合增效减阻功能表面，利用面层材料本身的弹性变形加上面层材料与基底材料表面上仿生非光滑结构的耦合，共同对流体进行主动控制，从而实现增效减阻功能，有效地提高了流体机械的效率。

关于柔性表面的减阻机理，当前的主要观点为柔性表面延迟了层流边界层向湍流边界层的转捩，使边界层最大限度地保持层流状态从而减小了阻力。边界层处的湍流脉动被柔性表面很好地吸收，从而使界面波动衰减，延缓湍流的进一步发展而达到减阻效果。

1.1.2 微气泡减阻

微气泡减阻是通过某种方式在壁面形成一层薄的微气泡与流体的混合层，改变边界层的内部结构，亦即改变近壁区流体流动的运动学和动力学特性，达到降低摩擦阻力的目的。

Mccormick 和 Bhattacharyya[23] 最先于1973年采用电解产生氢气气泡的方法来进行微气泡减阻试验，发现在低速条件下，表面缠有铜电极的回转体模型能够通过微气泡的方式减阻50% 。Migirenk 等人通过多孔不锈钢板喷气方法进行微气泡减阻试验，发现喷孔直径对减阻效果影响很大，当喷孔直径为1～3μm时，能获得较好的减阻效果；当喷孔直径为50～100μm时，几乎没有减阻效果。

Bogdevich 等人[24] 则在做平板的微气泡试验中发现，喷气流量是影响减阻效果的重要因素，当喷气流量增大时，减阻率会先达到一个饱和值，然后减阻率会随之减小。Madavan 等人[25] 研究了浮力对微气泡减阻的影响，发现在低速时下表面的减阻率低于上表面。

Deutsch 和 Castano[26] 对回转体进行了微气泡减阻试验，发现减阻效果不仅与喷入气体的浓度和速度有关，还可能与气体在液体介质中的溶解度有关；通过比较平板和回转体的减阻效果，发现平板和回转体分别在5m/s和17m/s时有最佳减阻效果。

国内关于微气泡减阻的相关研究起步较晚。杨素珍等人[27] 通过对大量试验资料的分析研究，分析了模型速度、模型尺度、导风压力与导风量对减阻的影响规律，并选出脚架的单排扁嘴导风方案，其减阻效果达11%以上。

根据总结微气泡减阻的国内外发展概况，微气泡减阻效果与喷气方式、喷口位置、气压、流量、速度、气泡层厚度以及气层在物面上的覆盖范围有关，但大多数的研究重点侧重于减阻效果。为了解释当微气泡引入时如何减少平板摩擦阻力，基于当大量气泡引入湍流边界层时分子黏度和湍流介质黏度会改变，而在近壁面的速度梯度不变的假设，Deutsch 和 Catan[26] 提出了一种简单的应力模型。该模型有两个缺陷：其一，这一假设对边界层外区适用，但在近壁区还没有证据来肯定这种假设。其二，应用范围是在气泡的极限体积浓度不大于0.5的情况下得到的对微气泡减阻机理的分析主要基于边界层结构的变化，微气泡对边界层结构主要有两个方面的影响：一为微气泡改变了流体局部有效的黏度和密度，导致局部湍流的雷诺数发生变化，加剧了湍流动量耗散，使各种湍流拟序结构和壁面之间的动量交换作用减小，由此降低了湍流摩擦阻力；二为微气泡可直接影响湍流边界层结构，使附壁区的流动发生变化。两相湍流流动非常复杂，迄今为止微气泡减阻机理还没有完善的理论解释。目前认为，微气泡减阻的基本原因是微气泡改变了气液两相流的局部有效黏度和密度以及流体在壁面边界层的流动结构，从而降低了液体湍流摩擦阻力的作用。

1.1.3 疏水/超疏水涂层减阻

疏水/超疏水涂层减阻是表面涂层减阻技术中的一种，根据表面涂层减阻技术的减阻机理的不同，分为以下三类：

第一类为高分子涂层减阻，是指在船体的头部不断喷出聚丙烯酰胺等高分子非牛顿流体化液体，或者将该药剂做成涂料涂覆在船底，该药剂在海水中慢慢溶解，使船周围海水非牛顿流体化，造成摩擦系数降低。但是该方法药剂溶解在海水中会逸散，消耗大量的药剂，成本较大，难以实现大规模工业化应用。

目前认为高分子涂层的减阻机理如下：一是由于涂层表面溶解出来的线型高分子抑制初始剪切涡，吸收压力脉动能量；二是溶胀涂层的柔性效应抑制和吸收压力脉动，减小航行体阻力。

第二类为自抛光涂层减阻，指的是将有自抛光作用的涂料涂覆在航行体表面，在航行过程中，防污涂料与海水接触的界面通过发生化学水解作用，将涂料释放出来，同时界面上被水解了的粘结剂经海水冲蚀脱离船底涂层表面，从而不断地保持船底表面涂料的有效浓度，保持船底涂层表面新鲜而又光滑，就像不断地对船底进行打磨和抛光，使船底在任何时候都洁净光滑。

传统涂料与自抛光涂料的区别在于：传统涂料的粘结剂和防污毒剂是物理性结合，因涂层析出毒剂形成蜂窝状结构，产生漩涡阻力，增大总的摩擦阻力；自抛光涂料的粘结剂和防污毒剂是化学性结合。

目前，对于超疏水减阻机理的研究尚未得到统一。科学家们根据不同的超疏水体系提出了各自相应的减阻机理。其中，比较经典的两种解释为：

一是 Navier 提出的壁面滑移模型。该模型认为，当流体流经疏水表面时，由于凹槽内部的低速漩涡造成与凹槽外部高速水流之间的气-液接触，形成了涡垫效应，因此产生了壁面滑移，减小了边界面上的速度梯度，从而降低了边界上的剪切力，推迟了层流附着面流态的转变，使得附着面的层流流态更加稳定，增加了层流边界层的厚度；同时疏水表面微凸柱间的流体剖面形状证实了无剪切空气-水界面确实存在，以上因素的共同作用产生了减阻效果。超疏水表面与一般的固体表面的不同之处在于：一般的固体表面，有较强的残余化学键，表面能较高，能够吸附近壁面的流体分子，使之难以产生滑移；而超疏水表面具有超低的表面能，流体流动时产生的剪切力可以平衡固体表面分子和流体分子间的吸引力，从而在近壁面形成速度滑移。

二是 McHal 提出的 plastron 效应模型。该模型认为，当超疏水表面与水接触时，表面可以固定一层空气层，利用空气层的阻隔作用，液固界面转换为气液界面和气固界面。气膜的存在减小了液固接触带来的较大阻力，另外从材料学角度分析，减阻的一个主要原因是超疏水表面的低表面能效应降低了固体分子与液体分子之间的黏滞阻力。

对于超疏水表面的滑移理论方面的研究仍处于发展之中，比如目前对于滑移产生的原因还存在着各种各样的解释，基于超疏水表面滑移效应所产生的减阻新技术也是当前的研究热点之一。总而言之，关于滑移效应的机理还有待进一步的研究。

1.1.4 超空泡减阻

当航行体在流体中高速运动时，航行体表面的流体压力就会降低，当航行体的速度增加到某一临界值时，流体的压力将达到汽化压，此时流体就会发生相变，由液相转变为汽相，这就是空化现象。随着航行体速度的不断增加，空化现象沿着航行体表面后移、扩大，进而发展成超空化。

流场条件与航行体的几何形状等的不同会使空泡呈现出不同的典型状态，在空泡流研究中，通常利用一个无量纲参数空泡数 σ 来表征，它是研究空泡流动的重要相似参数之一，其定义如下：

$$\sigma=\frac{P_{\infty}-P_{c}}{0.5\rho V_{\infty}^{2}} \tag{1-1}$$

式中：P_{∞}——未扰动处流场压力；

P_{c}——空泡内压力；

ρ——空泡外部流体密度；

V_{∞}——未扰动处的流场速度。

空泡的发展过程一般可以分为四个状态：游移型空泡、云状空泡、片状空泡和超空泡。当空化数较高时，绕物体表面只能形成分散的空化气泡，随主流向下游移，这种空泡形态称为游移型空泡。随着空化数降低，形成带有强烈振动和噪声的周期性脱落的空泡，称为云状空泡。当空化数进一步降低，分散的空泡相互贯通，依托绕流物体形成与绕流物体特征长度可比的空泡贯通区，称为片状空泡。当空化数小于 0.1 后，片状空泡将覆盖绕流物体的全部或大部分表面，此时便是超空泡。

液流中的空化现象，除了上面陈述的几种形态以外，还有涡空化和振动引起的空化。涡空化发生在具有高剪切区的涡流中，当强烈旋转的涡核与外部流体高剪切层内的压力低于汽化压力，就会形成涡空化。振动空化是物体在液体中振动诱导的空化，当液体中存在强烈的振源，若压力脉动幅值足够大，就可能导致液体发生空泡，此时称为振动空化。

超空泡分为自然超空泡和通气超空泡两种，形成超空泡一般有三种途径：(1) 提高航行体的速度；(2) 降低流场压力；(3) 在低速情况下，利用人工通气的方法增加空泡内部压力。前两种方法形成的为自然超空泡，最后一种方法得到的就是所谓的通气超空泡。

当水下航行体采用该技术后，航行体大部分或全部表面被一个稳定的超空泡所包围，其运动的粘性阻力可减少 90%以上，航行速度显著提高，甚至可达到 200～600 节[28]。

目前，俄罗斯、乌克兰、美国及德国等欧美国家关于超空泡方面的研究已处于遥遥领先的地位，均具有悠久的研究历史。例如，苏联的乌克兰流体力学研究所于 20 世纪 60 年代就开始研制暴风超空泡鱼雷，至 20 世纪 70 年代中期就已经设计出第一代暴风鱼雷，如图 1-7 所示，并于 20 世纪 80 年代和 90 年代初继续发展第二代暴风超空泡鱼雷[29]。美国也于 20 世纪 50 年代就开始了高速推进器和水翼方面的超空泡研究。同时，美国海军设立了专门的研究管理机构，制订了一项发展超空泡武器的全面计划，该项研究工作由海军研究处（ONR）领导，主要发展射弹和鱼雷两类超空泡武器[30,33]。目前，美国已经成功研制出一型机载高速反水雷射弹，其水下速度最高可以达到 3011 节，图 1-8 所示为超空泡射弹模型。另据外刊报道美国也研制出了超空泡鱼雷样机，外观和俄罗斯的“暴雪”超空泡鱼雷很相似，最高速度可以达到 200 节[31]。德国是世界上最早从事水下超空泡技术研究的国家，早在二战期间就已着手开展超空泡水下武器的理论和基础试验研究。并于 20 世纪 80 年代开始，在梅尔多夫和杰滕堡的水下试验场进行了多次超空泡火箭的研究试验，主要应用于未来的反鱼雷或反潜战作战[32]。

尽管俄罗斯、乌克兰、美国及德国均已具备将超空泡武器装备部队的能力，但仍有很多力学难题尚未完全掌握，其中最为重要的是超空泡航行体的流体动力问题。目前，关于超空泡航行体的流体动力特性研究包括以下三个大方面的内容：超空泡的产生、发展与稳定性；航行体流体动力特性；航行体运动、稳定、控制等[34-35]。与常规的鱼雷等水下航行体相比，超空泡航行体由于空泡的包裹，仅航行体前舵（空化器）、尾舵（水翼）及尾部部分沾湿，并且航行体空泡形态与航行体姿态之间存在相互耦合作用，导致航行体所受流体动力异常复杂。航行体的控制，主要是通过舵面沾湿面积与舵面角度改变，从而改变控制力的大小与方向，实现航行体的稳定与姿态控制。而航行体舵面改变过程，必然引起流场扰动、空泡形态变化、空泡壁面与模型相互作用流体动力改变，可能在航行体上产生大的失稳力与力矩。因此，必须对航行体控制面变化过程、非定常空泡流流体动力进行研究，以确保航行体稳定与机动控制。

为深入理解与解决上述问题，本书利用试验和数值模拟相结合的方法，对超空泡航行体的空化器攻角、水平尾翼攻角、航行体俯仰角等变化过程、非定常空泡流空泡形态与流体动力特性进行研究，为超空泡航行体流体动力特性方面的研究提供了一定的参考。在此基础上耦合求解航行体运动方程与空泡流控制方程，提出航行体姿态与弹道预测方法，为航行体弹道预测提供相应参考。

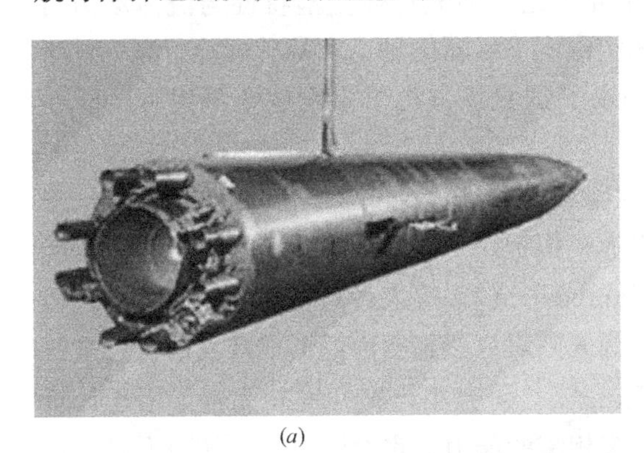

(*a*)

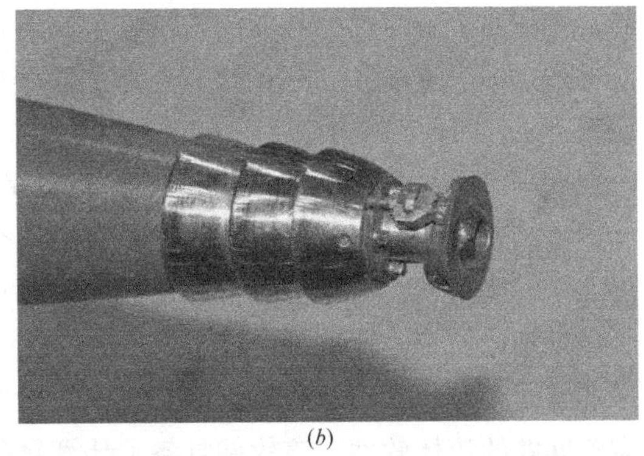

(*b*)

图 1-7 超空泡鱼雷和其头部形状

(*a*) 暴风鱼雷；(*b*) 头部形状

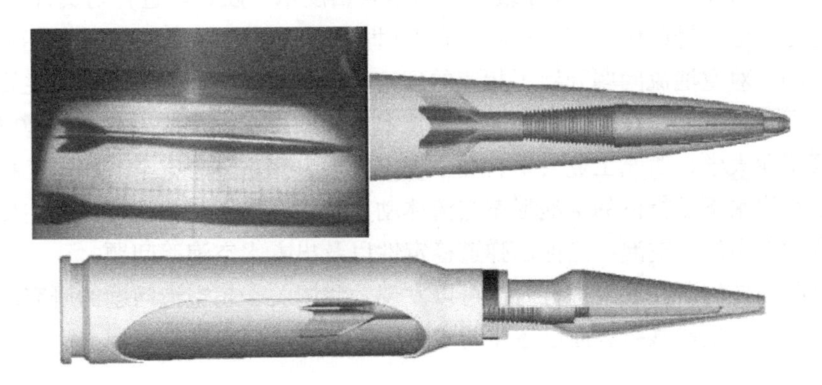

图 1-8 超空泡射弹模型

1.2 国内外研究现状

超空泡技术主要应用于水下航行体减阻方面，从其生成机理上可分为自然超空泡与通气超空泡两种。超空泡流场涉及多相流及相变等多方面复杂的流体力学问题，早期的研究主要针对自然空化现象，但随着人工通气技术的出现，国内外也开展了大量的通气空泡流场研究。目前，主要的研究手段分为试验研究和理论研究两部分。

总体来看，国外对超空泡问题的研究具有较长的历史，取得了诸多令人瞩目的研究成果，主要代表国家有美国、俄罗斯、乌克兰及德国等国[36-37]。苏联的 Logvinovich 等人[38-39] 早在 20 世纪 50 年代就在高速循环水洞与高速自由飞水池中开展了大量试验，深入地研究了空泡形态、空泡稳定性与航行体流体动力等方面的问题。乌克兰水动力学研究所（Institute of Hydromechanics in Kiev，the Ukraine）于 20 世纪 90 年代后期开展了大批量的射弹试验，射弹水下运动速度可达 1000m/s。美国方面，海军水下战研究中心（NUWC）、雷声公司（Raytheon Company）、C-Tech 防务公司（C Tech Defense Corporation）、宾夕法尼亚州立大学应用研究试验室（Applied Research Laboratory at the Pennsylvania State University）、明尼苏达大学及佛罗里达大学等多家研究机构通过大量的水洞试验、约束飞行试验和自由飞行试验研究了超空泡航行体空泡特性与流体动力特性。德国方面，早在二战期间就已着手开展超空泡水下武器的理论和基础试验研究，并于 20 世纪 80 年代开始，在梅尔多夫和杰滕堡的水下试验场进行了多次超空泡射弹的试验研究。

在理论和数值研究方面，俄罗斯和乌克兰学者 Logvinovich、Savchenko 等人[38] 基于试验结果分析与势流理论，开发了完整的空泡模拟程序，同时给出了自然超空泡形态经验与半经验公式。美国学者 Levinson[41] 和 Garabedian[42] 等人针对自然超空泡问题进行了早期理论研究，而 Knapp[43] 及 May[44-46] 等人则对自然超空泡的形成及发展机理进行了非常详细和精彩的描述。近期，宾州大学 Kunz[47] 研究小组则开发并完善了用于计算空泡问题的流体软件，该软件具备了计算复杂多相流的能力。宾夕法尼亚大学研发的 Automated Virtual Environment 系统，可对运动过程进行三维仿真，实现全方位流场观察。ETC 公司研制的 ETC _ Supercav 系统可以对六自由度水下航行体进行仿真计算。

我国对超空泡问题的研究起步稍晚，在 20 世纪 60 年代，上海交大、中船重工七〇二所等研究机构针对空泡流问题开展了相应的理论与试验研究，但其研究目的主要集中在避免空化与延迟空化方面，在空化机理与试验技术方面取得了大量成果。直到 20 世纪 80 年代，哈尔滨工业大学、西北工业大学、北京理工大学、南京理工大学及海军工程学院等高校开始对带空泡水下航行体的空泡形态与流体动力特性开展研究，研究内容主要包括水下航行体流体动力布局、空泡稳定性、弹道稳定性以及出入水空泡等问题。

通过对国内外的研究成果进行对比可以发现，我国关于超空泡问题的研究与国外方面存在一定的差距，虽然试验方面已逐步与先进国家接轨，但在基础问题方面的研究还略显不足。

下文将详细介绍国内外关于超空泡问题方面的试验与数值仿真研究进展。

1.2.1 超空泡技术试验研究进展

目前，国内外关于超空泡问题方面的试验研究，按其方法可分为水洞试验、约束飞行试验、高速射弹试验以及自由飞试验等几种，各试验均具有各自的优缺点。例如，水洞或水槽试验可以对航行体空泡形态与流体动力特性进行研究，同时可以获得部分流场信息；但是，由于受到模型支撑系统、水槽或水洞壁面等因素的影响，其来流速度一般不超过30m/s。而约束飞行试验、高速射弹试验以及自由飞试验多是在水池中开展，解决了水洞或水槽试验中对流体相对速度的限制，航行体速度可达到几百米每秒，同时可以得到弹体稳定性与运动轨迹；但是，其缺点是无法在试验中持续近距离观察空泡形成、发展及稳定过程，试验中，流体动力的测量等问题也难以解决，其试验的可重复性较差。因此，实际研究过程中，针对不同的问题，应采用不同的试验方法进行研究或采用多种试验方法相结合的办法进行研究。

1. 国外试验研究现状

水洞试验方面，Reichardt[48] 于1944年首次提出了通气超空泡方式，其原理是向空泡内通入气体，减小空泡内压力形成通气超空泡。通过试验研究，Reichardt 认为通气空化数与自然空化数相同，空泡界面与流体动力相似。

Kirschner 等人[49] 通过水洞试验与高速射弹试验证明了，在忽略重力与非定常参数等影响的情况下，当通气空化数与自然空化数相同时，通气空泡与自然空泡具有相同的空泡形态与流体动力特性。此外，Kirschner 等人[50] 还成功开展了超声速射弹飞行试验(速度达到1550m/s)，通过试验验证了射弹稳定飞行必需的主要参数，并研究了空化器外形对亚声速和超声速空泡形态的影响。

Savchenko 等人[51] 通过水洞试验研究了重力对通气超空泡的影响。研究结果表明，当空化流速度较低，弗洛德数较小，重力作用明显，通气超空泡形态上漂，空泡闭合方式与尾部泄气方式发生改变。通过试验测量，Savchenko 等人[52] 给出了圆盘空化器空泡形态与空化数的关系式。此外，Savchenko[53] 还在开放式水洞中开展了圆柱形航行体在空泡内部滑行的试验，测试了航行体攻角、尾部浸水深度以及空泡半径对航行体升力的影响，并给出了影响航行体升力的重要因素与关系曲线[54]。

Phillip[55] 通过水洞试验对通气规律进行研究，发现人工通气后航行体阻力减小，但是如果通气参数控制不当反而会增大航行体阻力。而 Silberman 等人[56] 则通过水洞试验得到空化数的减小与通气率的增加成正比的关系。

Wosnik 等人[57] 在通气空泡水洞试验中采用了尾部支撑方式，研究结果表明支撑杆对空泡形态与空泡稳定性影响较大；在小空化数下，椭圆形支撑杆比圆柱形支撑杆所需通气量小。

Kuklinski 等人[58] 通过拖曳水池中进行的一系列试验，对通气空泡的物理性质进行了研究。给出了作用在空泡界面上引起空泡失稳的三种机理：通气不稳定性、自由剪切不稳定性、气泡震荡不稳定性；同时对空化器变攻角对通气空泡形态影响进行了研究，得到空化器变攻角对通气空泡形态的影响规律。

Stinebring 等人[59] 通过水洞试验得到了变攻角空化器与空泡形态之间关系。同时对空化水翼控制面进行了试验研究，得到了水翼升、阻力系数随水翼攻角改变的变化曲线。

Terukazu Ota 等人[60-61] 在水洞中研究了航行体俯仰角对通气空泡特性的影响，给出了航行体俯仰角与航行体流体动力之间的关系曲线，同时给出了流场滞后特性。

在高速射弹试验以及自由飞试验研究方面，Logvinovich[38-39]、Savchenko[62-63] 及 Vlasenko[64] 等人于乌克兰科学研究院水动力研究所开展了不同速度范围的超空泡射弹试验（40～1300m/s）。Logvinovich 通过对弹体头部坐标记录，绘制了弹体运动轨迹，给出了弹道变化规律，而 Vlasenko 则通过测量不同自然空化数下空泡形态，拟合出了适用于 40～1300m/s 速度范围的空泡形态经验公式。Savchenko[63] 则在试验中发现，当马赫数处于 0.54～0.77 时，射弹头部水将出现明显的可压缩现象。

Hrubes[65] 和 Kirschner[66] 在美国海军水下作战中心和宾夕法尼亚州立大学等机构通过大量的水下超空泡高速射弹试验，验证了射弹稳定飞行的必要参数。试验采集到了射弹在不同速度下（亚音速、跨音速及超音速三种状态）的空泡形态变化及运动轨迹等大量数据，同时给出了空化器形状对空泡形态的影响。此外，Kirschner 等人[66] 还在高速超空泡航行体动力学控制方面引入了空泡延迟效应，分析了空泡延迟对航行体的流体动力影响。

Truscott 等人[67] 于麻省理工学院（Massachusetts Institute of Technology Cambridge，MA）通过射弹试验对弹体稳定性进行研究，给出影响弹体稳定性的重要因素，详细描述了弹体倾斜角与弹体翻滚之间的关系。

Cameron 等人[68] 于乔治亚理工大学（Georgia Institute of Technology，Atlanta，GA）设计了超空泡射弹自由飞行试验，射弹初始速度为 145m/s，试验对超空泡射弹速度变化、空泡形态变化进行记录，分析给出了空泡形态变化规律。

2. 国内试验研究现状

目前国内关于超空泡试验研究的主要研究机构有哈尔滨工业大学、西北工业大学、上海交通大学、北京理工大学、中船重工七〇二研究所、南京理工大学及海军工程大学等。近年来，各研究机构均进行了大量的试验研究，取得了大量的研究成果，包含空泡形成过程发展机理研究，空泡形态稳定性研究、航行体流体动力研究以及弹道研究等多方面内容。

哈尔滨工业大学开展了大量的水洞试验、约束飞行试验、高速射弹试验以及自由飞试验等，具体研究如下：

王海斌[69-70]、隗喜斌[71]、贾力平[72-73] 在高速水洞中开展了大量试验研究。隗喜斌通过改变流场参数、模型参数得到了不同的通气超空泡形态，给出了临界通气率的影响因素。王海斌对弗洛德数对空泡形态影响进行了研究，给出了空泡长度与弗洛德数的经验公式。贾力平对空化器参数对空泡形态影响开展了大量试验研究，得到了空化器参数与临界空化数、临界通气率之间的关系。

蒋增辉等人[74-75] 在水洞中分别对头支撑、腹支撑和尾支撑模型进行试验研究，得到了不同支撑方式对空泡形态影响规律。其中，腹支撑阻碍空泡发展；尾支撑引导空泡发展，改变了空泡形态；头支撑对空泡尾部影响较小，适合尾部空泡形态与流体动力研究。基于该结论，进一步采用头支撑方式模型对尾部流体动力进行研究，并对模型 0 攻角与 1 度攻角情况尾部流体动力特性进行测试，测得有攻角模型尾部升力与俯仰力矩远大于无攻角模型。

张学伟等人[76] 对通气超空泡形态稳定性进行了研究，得到了空泡形态不稳定性的几种主要表现形式：空泡振荡、空泡界面波动以及空泡界面扭曲。

曹伟等人[77] 通过高速射弹试验对自然超空泡的形态特性和发展规律进行了深入研究。通过对试验数据的总结分析，得出射弹空泡形态随空化数变化的拟合表达式，并与相关文献中的经验公式进行了对比，得到在小空化数下吻合较好的结论。

金大桥等人[78-79] 在对射弹研究的基础上设计了一种通气超空泡水下射弹，并对射弹的空泡形态进行了试验研究，获得了不同空化数下形成超空泡所需的通气率。同时，金大桥等人还对通气超空泡射弹的减阻性能进行了试验测试，比较了相同初速度下通气与不通气超空泡射弹的速度和位移随时间变化关系。通过对比试验发现，对射弹进行通气后更有利于形成超空泡，射弹一旦被超空泡包裹后，速度衰减变慢，射程变大；而不通气射弹在相同速度下只能形成局部空泡，且速度衰减较快，射程较小。

西北工业大学通过水洞试验研究，得到了大量研究成果：

陈伟政等人[80] 进行了不同弗洛德数对空泡形态的影响研究，得到了重力场对空泡形状影响规律。

杨武刚等人[81] 通过试验验证了空化数是影响空泡形态的主要参数，通过通气率调节改变通气空化数可以控制通气空泡形态。

张琦、裴譞等人[82-83] 研究了有尾喷情况下超空泡特性，得到尾喷管对超空泡形态具有拉伸作用，改变了通气空化数与力学特性。

上海交通大学具有国内一流的试验设施和流体力学理论基础，很早就开展了空泡试验研究，获得了大量研究成果：

何友声、鲁传敬、蒋洁明[59] 等人[84-86] 根据试验要求及试验目的，设计了完整的试验装置与试验模型，通过自然与通气空化试验，对空泡形态与流体动力进行研究，探讨了空化减阻的实现手段。

李其豉等人[87-88] 在水洞中针对超空泡航行体在运动过程中的俯仰运动现象进行了试验研究，设计了专门的俯仰驱动机构（图 1-9），模拟了航行体俯仰运动过程，通过测力天平与压力传感器得到航行体俯仰运动过程航行体尾部滑行力与空泡内压力。通过分析航行体的测力结果得出，航行体受力呈周期性变化，且升力和阻力的变化幅度与来流速度、摆动频率及幅度成正比；当航行体做低频摆动时，升力和阻力变化趋势相同；当航行体做高频摆动时，由于空泡上漂、回注射流、泡压变化及水的附加惯性力等因素综合作用，航行体受力呈现明显的非对称性。

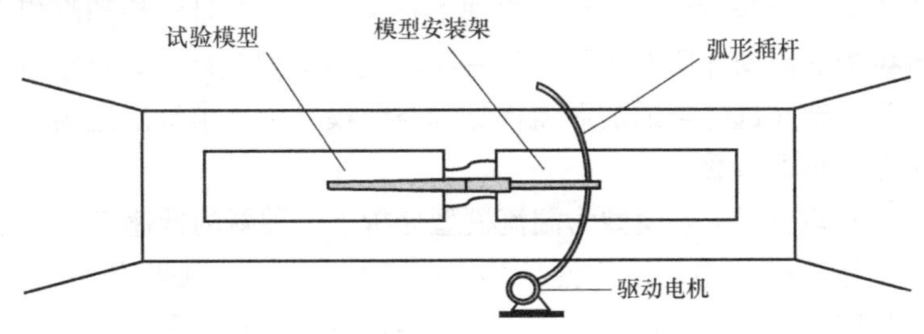

图 1-9 超空泡航行体摆动试验示意图

北京理工大学王国玉，李向宾等人[89] 采用 PIV 技术，以水蒸气和空泡气泡作为示踪粒子对超空泡壁面进行了观测研究。试验发现空泡界面表现出不稳定特性，说明空泡内部有大量的质量转换发生。

另外，中船重工七〇二所易淑群等人[90-91] 采用约束模型试验，得到了弹体攻角对加速过程中空泡形态的影响，以及通气量对加速过程中空泡形态影响及其变化规律。

其他单位如海军工程大学的顾建农等人[92] 开展了空化器形状对航行体流体动力影响试验研究，得到 6 种典型空化器在不同空泡数下，轴对称体上空泡的几何特征以及相对应的阻力特性，分析了空泡数对轴对称体空泡特征与阻力的影响。

从以上空泡试验研究过程可以看出，试验研究在空泡流研究中发挥了重要的作用，为后续理论及数值研究奠定了坚实的基础，但就目前试验研究结果可以看出，试验研究容易受到边界条件的影响与限制，需要较高的经济代价，如大尺度模型，高速运动过程与变速运动过程中试验参数的测量等。因此，在实际研究过程中往往结合理论与数值方法共同研究，下文将进一步介绍超空泡问题方面的理论及数值研究进展。

1.2.2 空泡流理论与数值模拟研究现状

国内外关于空泡流方面的理论研究从时间和研究方法上看大致可以分为两个阶段：早期主要以经典势流理论为基础，通过求解势流方程得到空泡形态变化[93]；近期主要以粘性流体 N-S 方程为基础，建立相应的空泡流计算模型，采用计算流体力学的方法进行研究。

势流理论方面，Logvinovich[94]、Vasin[95-96] 以及 Serebryakov[97] 等人对自然及通气空泡形态问题做了深入的研究。Logvinovich[38] 提出的基于能量守恒的空泡截面独立膨胀原理成为最早描述空泡发展过程的理论，并为后续理论研究提供了重要的参考。例如，乌克兰科学研究院水动力研究所的 Savchenko 和 Semenenko（2006）等人[52] 开发出的 SCAC、STAB、PULSE 及 ACAV 等程序以及哈尔滨工业大学张学伟等人（2009）[98] 开发出的非定常空泡形态计算软件等均是以独立膨胀原理为理论基础。这些程序可以非常方便地计算出超空泡航行体在各种运动条件下的空泡形态，为超空泡航行体的研究、设计人员提供了极大的方便。而 Alyanak 等人[99-100] 则采用了基于势流理论的边界元模型对空化器效率进行了评估，实现航行体加速过程空泡形态优化，并设计了可变空化器。张宏志、孟庆昌等人[101-102] 基于势流理论和边界元方法，对圆盘空化器空泡形态进行了数值模拟，分析了空化数与空化器阻力系数、空泡长度之间的关系。

以 N-S 方程为基础的数值模拟研究方面，目前国内外广泛采用均质平衡流假设来建立数学模型。均质平衡流假设汽体与液体之间不存在滑移，并且液相和汽相之间可以相互转换，把整个流场中的流动介质看作均质的密度可变的单相流体，即汽液混合物[103]。以均质平衡流假设为基础并选择合适的湍流模型和空化模型则可求解出流场中汽液界面的位置、形状以及压力分布等参数。

Ahuja 等人[104] 以标准 κ-ε 模型为湍流模型分析了一种新的低速气、液混合模型及混合非结构网格在空泡流模拟中的适用性。Yuan、Schnerr[105] 则采用 Wilcox k-ω 模型对空化喷嘴的射流结构进行了模拟，并分析了喷嘴内部空化与外部射流结构之间的关系。而 Vaidyanathan、Senocak 等人[106] 则对空泡流模拟输运方程中各模型参数进行敏感性分析，并提出了相应的修正模型。

国内方面近期对空泡流的数值研究主要是通过求解 N-S 方程，并对商业软件二次开发对空泡问题进行研究。

王海斌和贾力平等人[107-109] 对空化器线形与空泡形态以及阻力特性进行数值仿真研究，得到零攻角小空泡数下空泡形态与空化器参数之间的经验公式，并将仿真结果与试验结果进行对比，得到两者吻合较好的结论。

黄海龙等人[110-111] 利用 CFX 软件，采用均质平衡流理论对圆盘空化器进行三维数值模拟，详细分析了空化器攻角与空泡形态以及流体动力之间关系。

杨武刚[112-113] 等人通过数值模拟得到考虑重力情况下，空泡形态与空化器攻角之间关系，并基于冲量定理进行理论分析，验证了结论的合理性。

易文俊和熊天红等人[114-118] 利用 Fluent 软件，通过边界定义为速度时间函数，对射弹飞行过程进行数值模拟，得到装配典型空化器的射弹空泡形态变化过程。

张博、王国玉和李向宾等人[119-120] 采用修改的 RNG κ-ε 模型和 Rayleigh-plesset 模型模拟了绕翼型空化流动特性，并和试验结果进行了对比，计算结果和试验结果取得了较好的一致性。黄彪等人[121] 采用了两方程 SST 模型和 DES 模型模拟了绕水翼超空泡流动，并将模拟结果与试验结果进行了对比评价，得到了流场空穴形态与流场结果随时间变化细节。

Wang 等人[122] 采用大涡模拟的方法对 NACA0015 水翼的片状和云状空化进行了计算，捕捉到空化云的周期溃灭细节，但 LES 方法需要精细的网格，对计算资源消耗较大。

Wu 和余志毅等人[123-124] 采用带滤波的 RANS 方法分别对绕 Clark-y 水翼的云状空化和 Hydronautics 水翼的超空化流场进行了计算，更好地模拟出云状空化的非定常特性。

杨洪澜和隗喜斌等人[125-126] 采用积分方程方法及有限差分解法，研究了锥形体非定常超空泡问题，分析计算了超空泡形态和长度，给出了空泡形态随空化数变化规律。

通过以上国内外空泡流的研究进展与现状分析可以看出，空泡流问题一直是大家关注的焦点和难点，前期研究取得了大量的研究成果。但由于空泡流非定常特征较为复杂，前期研究过程受到研究手段与技术的限制，所取得的研究成果还存在一定的不足，尤其是数值模拟研究主要集中在不同类型水翼的非定常空泡流研究，与空泡鱼雷等实际水下航行体相距甚远。本书对航行体变速运动非定常空泡特性与流体动力特性进行研究，为非定常空泡流流体动力研究提供了补充。

1.3 本书主要研究内容

本书以超空泡航行体为研究对象，采用水洞试验和数值模拟相结合的方法，对空化器转动、航行体水平尾翼运动、航行体变速运动与航行体俯仰运动等因素对非定常空泡流空泡形态与流体动力特性的影响进行了研究。具体研究内容如下：

(1) 对采用的数学模型和计算方法作简要介绍，并基于均质平衡流理论，对比分析了多相流模型、湍流模型、空化模型、计算方法与边界条件等在变速运动中的优缺点，选取了合理数学模型与计算方法。

(2) 定义了超空泡航行体动力学建模的相关坐标系，并在此基础上，对航行体所受的力，包括空化器升力阻力、尾舵升力阻力、滑行力、航行体推力、重力、摩擦阻力及其力矩等进行分析推导，并引入了空泡流研究领域最常用的两种空泡模型；而后根据鱼雷力学原理，获得了超空泡航行体的非线性动力学模型，为系统动力学动态特性分析及控制系统的设计奠定了基础。

(3) 采用数值方法研究了航行体运动过程自然空泡流特性。航行体运动过程流场的复杂性体现在其影响因素众多且复杂，因此在研究过程将众多因素逐一分解。首先，理论分析了自然空泡的溃灭特性。分析了这种较理想运动过程的空泡形态变化及压力场变化情况，并在此基础上逐一分析了运动空化数、航行体运动攻角等因素对运动空泡流场的影响。

(4) 基于中速通气空泡水洞中开展的大量试验，重点研究了空化器攻角对空泡形态与流体动力影响。同时，采用数值模拟的方法分别对空化器定攻角与空化器攻角连续变化过程非定常空泡流空泡形态与流体动力特性进行研究。对试验结果与数值模拟结果进行了对比分析。

(5) 通过试验研究了水翼楔形角对空泡形态与流体动力的影响。同时，通过数值模拟研究了水平尾翼安装位置、尾翼弹出过程、尾翼攻角连续变化过程、非定常空泡流空泡形态与流体动力特性。

(6) 考虑动坐标系影响，推导动坐标系下流体相对运动动量方程，并通过 udf 对 CFD 绝对动量方程进行修正，实现航行体变速运动数值模拟，并对自然超空泡状态下与通气超空泡状态下航行体变速运动过程空泡形态特性进行对比，对自然超空泡状态下空泡滞后现象进行定性分析，对通气超空泡状态下空泡特性进行讨论。对航行体连续俯仰运动过程空泡形态与流体动力特性进行研究。

(7) 推导航行体动力学方程与运动方程，通过 udf 二次开发与 Matlab 自编程序对航行体动力学方程、运动方程与空泡控制方程进行耦合求解，实现航行体纵平面弹道与姿态预测，并对航行体质心位置对航行体航行体纵平面姿态与无控弹道的影响进行研究。

第 2 章　流体动力基础理论及数值方法

2.1 引　　言

流体动力、弹道、载荷与环境是导弹总体设计的重要内容。弹体表面受到水动力与气动力两种表面力的作用，这两种表面力统称为流体动力。流体动力是导弹参数设计的重要先决条件之一。航行体运动过程流体动力受多种因素影响，其中主要有：

(1) 常规水动力作用，包括轴向力、法向力、俯仰力矩等。

(2) 浮力及流体惯性力作用。由于弹体在海水中排开的流体质量与弹体本身的质量是同一个数量级，因而弹体的浮力以及流体产生的惯性力对导弹的运动具有重要影响。

(3) 航行体角速度产生的附加力及阻尼力矩的作用。导弹在水中运动时相对角速度很大，必须计算附加力与阻尼力矩对导弹运动的影响。

(4) 空化流动现象。空化绕流问题是非常复杂的流体问题，因其中包括多相流体、流体相变、流体湍流、流体可压缩性、质量动量能量输运等问题，空泡绕流是非常复杂的非线性过程。

(5) 流场非定常。

以往多通过势流理论为基础对空泡绕流问题进行研究，近年来多通过对 N-S 方程求解对空泡绕流问题进行数值模拟。本章首先对流体基本控制方程、典型湍流模型以及多个空化模型进行简要介绍，并且针对本书研究的非定常空泡流问题对所采用的数学模型进行重点介绍。对于上述数学模型，选择适用的数值方法与边界条件，开展了前期数值计算，分别分析了网格精度、时间步长对计算结果的影响，验证了数值计算过程中所选取的网格尺度与时间步长的无关性。在此基础之上，对典型湍流模型进行了对比，并利用试验结果对不同模型的预测精度进行验证与分析，选取适用的湍流模型，从而为后续数值模拟工作提供依据。

2.2 相似理论在流体动力模拟试验中的应用

航行体的飞行试验能得到航行体真实绕流，对航行体的流体动力测量是可以取得完全真实的结果。但是，这种试验耗资巨大，对人力、资源、设备等都有很高的需求，而且对于某些设计阶段的航行体并不存在真实的实物，无法完成用实物航行体进行水动力试验，因此只有借助模拟试验。与真实的航行体飞行试验相比，模拟试验能够分离影响流场的各个因素，有利于揭示流体流动的本质规律，便于优化设计方案，并且实施方便，成本低，所以是模拟试验室水动力研究的重要手段。模拟试验的理论依据是相似理论。相似理论要求，为了确保模拟试验的结论能够可靠有效地应用于实际流场流动，必须确保模拟试验的相似性。这就要求水动力模拟试验的相似参数（也称为相似准数）必须与实际流动相一致。流体动力学中常见的相似参数有：

（1）雷诺数 Re

$$Re=\frac{LV}{\nu} \tag{2-1}$$

式中：L——表示参考长度；

V——表示质心速度；

ν——表示流体的运动黏性系数。

Re 数反映了流体惯性力与黏性之间的关系。

（2）欧拉数 Eu

$$Eu=\frac{p}{\rho V^2} \tag{2-2}$$

式中：p——表示压力；

ρ——表示流体密度；

V——表示质心速度。

欧拉数 Eu 反映了流体压力与惯性力间的关系。

（3）弗劳德数 Fr

$$Fr=\frac{1}{\sqrt{Lg}} \tag{2-3}$$

式中：g——表示重力加速度。

弗劳德数 Fr 反映了流体重力与惯性力之间的关系。

（4）斯德鲁哈数 St

$$St=\frac{Vt}{L} \tag{2-4}$$

式中：t——表示时间。

斯德鲁哈数 St 反映了流动的非定常性。

（5）空化数 σ

$$\sigma=\frac{P_\infty-P_c}{0.5\rho V_\infty^2} \tag{2-5}$$

式中：P_∞——表示环境压力；

P_c——表示饱和蒸汽压。

空化数 σ 反映流动的空化性质。

（6）韦伯数 W

$$W=\frac{\xi}{L\rho V^2} \tag{2-6}$$

式中：ξ——表示流体表面张力系数。

韦伯数 W 反映了流体的表面张力与惯性力之间的关系。

除了上述 6 个相似准数外，还存在着大量其他的相似准数。一般的流体动力模拟试验都无法满足所有相似准数不变的要求。必须根据试验目的在各个有关的相似准数间取舍。对于在缩比的条件下进行的非定常流场航行体流体动力试验，上述 6 个相似准数都对试验结果有不同程度的影响，但这些相似准数的要求在缩比的条件下却又互相矛盾，不可能使其同时得到满足，因此试验只能有选择地满足最重要的相似准数要求，同时舍弃与其矛盾的准数要求。显然，这样的模拟试验是不完全相似的。对于航行体缩比模型流体动力试验，相似准则的具体取舍原则如下：

(1) 航行体的水下绕流是典型非定常流动，必须满足 *St* 数不变的要求。

(2) 航行体有攻角试验与重力作用密切相关，必须满足 *Ft* 数不变的要求。

黏性对一般的实际流动非常重要，但是 *Re* 数的要求同 *St* 的要求不相容，所以只好放松对不变的要求。实践证明，流动超过临界数后，黏性的影响对 *Re* 的变化已不敏感，所以保证超过临界数，黏性对流动的影响就不会与实际流动差别太大，放松试验对 *Re* 数的要求是可以接受的。

2.3 空泡流控制方程

2.3.1 基本控制方程

多相流问题是空泡流问题研究的关键，从公开发表的文献来看[127]，主要是采用均质平衡流模型，对空泡流问题数值模拟研究，均质平衡流假设两项之间拥有共同的速度场与压力场。常用均质平衡流模型包括 Mixture 模型与 VOF 模型。Mixture 模型主要由混合相连续性方程、能量方程、动量方程、第二相的体积分率方程和相对速度方程组成，可以用于对两相流和多相流问题求解，同时允许各相之间有不同的速度，适用于气泡流、旋风分离器、沉降等问题的模拟。VOF 模型是一种表面跟踪方法应用在固定的欧拉密度网格下，该方法适合于两相或多相不相混流体问题求解研究。本书对自然空化研究采用的是 Mixture 模型，对通气空化研究采用的是 VOF 模型。

1. Mixture 模型控制方程

(1) 混合相的连续方程

$$\frac{\partial}{\partial t}(\rho_m)+\nabla\cdot(\rho_m\vec{v}_m)=0 \tag{2-7}$$

式中：ρ_m——表示混合相的混合密度（kg/m^3）。

$$\rho_m=\sum_{k=1}^{n}\alpha_k\rho_k \tag{2-8}$$

式中：$\vec{v}_m$——表示混合相质量平均速度（m/s）。

$$\vec{v}_m=\frac{\sum_{k=1}^{n}\alpha_k\rho_k\vec{v}_k}{\rho_m} \tag{2-9}$$

式中：n——相的个数；

α_k——第 k 相的体积分率。

(2) 混合相的动量方程

$$\frac{\partial}{\partial t}(\rho_m \vec{v}_m)+\nabla\cdot(\rho_m \vec{v}_m \vec{v}_m)=-\nabla p+\nabla\cdot[\mu_m(\nabla\vec{v}_m+\nabla\vec{v}_m^T)]$$

$$+\rho_m \vec{g}+\vec{F}+\nabla\cdot(\sum_{k=1}^{n}\alpha_k\rho_k\vec{v}_{dr,k}\vec{v}_{dr,k}) \tag{2-10}$$

式中：p——流场静压；

$\vec{F}$——单元体外部体积力；

μ_m——混合相的运动粘度，$\mu_m=\sum_{k=1}^{n}\alpha_k\mu_k$；(2-11)

$\vec{v}_{dr,k}$——第 k 相相对滑移速度，$\vec{v}_{dr,k}=\vec{v}_k-\vec{v}_m$。(2-12)

本书中各相之间具有相同速度，也就是各相滑移速度 $\vec{v}_{dr,k}=0$。

(3) 第二相（蒸汽相）体积分率方程

$$\frac{\partial}{\partial t}(\alpha_p\rho_p)+\nabla\cdot(\alpha_p\rho_p\vec{v}_m)=-\nabla\cdot(\alpha_p\rho_p\vec{v}_{dr,p})+\sum_{q=1}^{n}(\dot{m}_{qp}-\dot{m}_{pq}) \tag{2-13}$$

式中：下标 q——第一相（流体相）；

下标 p——第二相（离散相）；

下标 m——表示混合相。

2. VOF 模型控制方程

VOF 多相流模型的基本思想是，在 Mixture 模型的基础上建立空气（不可冷凝气体）相体积分数方程，所以动量方程与连续方程与 Mixture 模型相同，这里不再赘述。空气体积分数方程可表示如下：

$$\frac{\partial\alpha_g}{\partial t}+\nabla\cdot(\alpha_g\vec{v})=0 \tag{2-14}$$

通过方程组求解，得到计算域空间单元内体积分率 α_g 的值，借助单元内体积分率 α_g 的值，分辨单元内各相分布，体积分率 α_g 的取值主要分为以下三种不同情况，由此分别表征三种不同流场状况：

(1) 当 $\alpha_g=0$ 时，表征单元体空气相为零，该控制单元完全被空气相以外的相占据；

(2) 当 $\alpha_g=1$ 时，表征该单元完全被空气相占据；

(3) 当 $0<\alpha_g<1$ 时，控制单元内将出现空气相与水相的分界面。

2.3.2 湍流模型

所谓湍流就是流场分布在时间域和空间域上的波动，湍流是一个复杂流体过程，反映了流场的重要性质。流场的惯性力比粘性力大时，流场出现湍流，流场的雷诺数较高是湍流的特质。

湍流数值模拟主要可分为三种方法：直接数值模拟方法（Direct Numerical Simulation，DNS），雷诺平均数值模拟方法（RANS Reynolds Averaged Navier-Stokes，RNS），大涡模拟数值方法（LES Large Eddy Simulation）。理论上讲流场可以采用直接模拟方法（Direct Numerical Simulation，DNS）求解方程（2-10）。采用这一方法最大的优点是无须对流场湍流流动进行任何方式简化与近似，理论上此方法可以得到相对准确的计算结果，并且还可以获知流场流动中所有感兴趣的物理量。但是在对实际流场模拟湍流运动时，为了分辨出流场湍流空间结构及剧烈的湍流时间特性，必须采用非常小的时间步长与空间步长，因此对计算机计算速度、计算能力、内存空间大小的要求非常苛刻，目前计算机水平还无法实现真正意义上的工程计算[128]。下面分别对以上方法进行介绍。

1. 直接数值模拟（DNS）

直接数值模拟（DNS）认为，包括流场脉动运动在内的流场湍流瞬时运动也满足 Navier-Stokes 方程，而 Navier-Stokes 方程本身就是封闭方程，因此无须建立任何附加数学模型，而采用计算机数值求解完整的三维 Navier-Stokes 方程，对流场湍流的瞬时运动进行直接的数值模拟，通过大量重复的数值试验来描述随机场的子状态集合，对于感兴趣的平均量可以借助对其统计平均来得到。这样做优点很多：第一，Navier-Stokes 方程是精确的方程，产生的误差只是由数值方法所引入的误差；第二，每一瞬间湍流场的全部信息可得到，对于试验目前无法测出的量的提供，因此各种湍流模型可以通过用直接数值模拟的结果来检验，并为发展新的湍流模型提供基础数据；第三，对于试验中通常是难以做到的，对各种因素单独的或交互作用的影响系统研究，在数值模拟中流动条件可以得到非常精确的控制；第四，在一些情况下，试验模拟成本非常昂贵，条件非常危险，有时甚至是不可能实现对于真实流场流动条件的完全相似，直接数值模拟则成为提供数据的唯一可行手段。但是由于对湍流的直接数值模拟，主要受到计算机速度与容量的限制，计算机能力所能容许的计算网格尺度，仍然要比最小涡尺度大很多。目前国际上正在做的湍流直接数值模拟，还仅仅限于低雷诺数条件下，简单的几何边界条件的问题。而实际的湍流流动，通常都发生在高雷诺数条件下，如果采用直接数值模拟，其工作量将非常巨大[128]。

2. 雷诺平均数值模拟（RNS）

雷诺平均数值模拟是湍流数值模拟中最古老的方法，也是最常见的一种方法，它直接求解雷诺平均方程而得到流场湍流的平均运动。采用这类方法，将脉动控制方程做概率平均，即在相同的初始条件下，和边界条件下做多次重复的试验，将其测量的结果求算术平均值，在所得出的控制方程中同时包含了脉动量的乘积的平均值等未知量。

Reynolds 平均法，利用式（2-15）将非稳态控制方程对时间做平均，从而建立时均化控制方程，见式（2-16）、式（2-17），而将瞬态的脉动量，通过模型在时均化的方程中体现出来。

$$\overline{\phi}=\frac{1}{\Delta t}\int_{t}^{t+\Delta t}\phi(t)\,\mathrm{d}t \tag{2-15}$$

式中，ϕ 为任一变量。

$$\frac{\partial\rho}{\partial t}+\frac{\partial(\rho\overline{u_i})}{\partial x_i}=0 \tag{2-16}$$

$$\frac{\partial}{\partial t}(\rho\overline{u_i})+\frac{\partial}{\partial x_j}(\rho\overline{u_i u_j})=-\frac{\partial\overline{p}}{\partial x_j}+\frac{\partial}{\partial x_j}\left(\mu\frac{\partial\overline{u_i}}{\partial x_j}-\rho\overline{u_i' u_j'}\right) \tag{2-17}$$

不直接求解瞬时 Navier-Stokes 方程是 Reynolds 平均法的核心，而求解时均化的 Reynolds 方程（2-17）。这样就避免了 DNS 方法计算量过大的问题。Reynolds 方程中出现的湍流脉动值的 Reynolds 应力项（$\rho\overline{u'_i u'_j}$）属于新的未知量，因此，为了使其方程组封闭，必须对 Reynolds 应力做出某种合理假设，即建立应力方程或引入新的湍流模型方程，通过这些应力方程或湍流模型，把时均值与湍流脉动值等联系起来。根据对 Reynolds 应力做出的假设不同，处理方式不同，湍流模型可分为 Reynolds 应力模型和涡粘模型。Reynolds 应力模型包括：LRR 模型、SSG 模型、Omega 模型、QI 模型、BSL 模型。涡粘模型包括：零方程模型、一方程模型、两方程模型、标准 k-ε 模型、RNG k-ε 模型、标准 k-ω 模型、BSL 区域应用 k-ω 模型、SST 模型。

在空泡流数值模拟研究中，上述两类模型都有研究人员采用。但是由于 Reynolds 平均法反映的是流动在时间历程上的统计平均表现，无法反映流动的瞬时脉动特性。因此该方法无法很好地模拟空泡流的非定常特性，如回注射流、空泡的脉动及周期性脱落过程等。而对于定常空泡流问题，涡粘模型计算量小、精度高，可满足工程计算要求。本书对于定常空泡流模拟湍流模型选择是在课题组前人研究基础上进行的，并且得到了经验公式与水洞试验的验证，选择的是两方程中的 SST 模型。

（1）标准 k-ε 模型

标准 k-ε 模型具有很强的鲁棒性，湍动能 k 和湍动耗散率 ε 的输运方程如下：

$$\frac{\partial(\rho k)}{\partial t}+\frac{\partial(\rho u_j k)}{\partial x_j}=G_k-\rho\varepsilon+\frac{\partial}{\partial x_j}\left[\left(\mu+\frac{\mu_t}{\sigma_k}\right)\frac{\partial k}{\partial x_j}\right] \tag{2-18}$$

$$\frac{\partial(\rho\varepsilon)}{\partial t}+\frac{\partial(\rho u_j\varepsilon)}{\partial x_j}=C_{\varepsilon1}\frac{\varepsilon}{k}G_k-C_{\varepsilon2}\rho\frac{\varepsilon^2}{k}+\frac{\partial}{\partial x_j}\left[\left(\mu+\frac{\mu_t}{\sigma_\varepsilon}\right)\frac{\partial\varepsilon}{\partial x_j}\right] \tag{2-19}$$

式中：k 和 ε 分别为湍动能和耗散率；

$C_\mu=0.09$、$C_{\varepsilon1}=1.44$、$C_{\varepsilon2}=1.92$、$\sigma_k=1.0$ 和 $\sigma_\varepsilon=1.3$；

μ_t 为湍流涡粘系数；

G_k 为湍动能产生项，如下所示

$$G_k=\frac{\partial u_i}{\partial x_j}\left[\mu_t\left(\frac{\partial u_i}{\partial x_j}+\frac{\partial u_j}{\partial x_i}\right)-\frac{2}{3}\rho k\delta_{ij}\right] \tag{2-20}$$

以上所表示的 k-ε 湍流模型称为标准 Re 数模型，适用于远离绕流壁面的湍流区域。而在靠近壁面的粘性底层，湍流 Re 数较低，此时 k-ε 模型需要做相应的修改。然而对于壁面附近的粘性底层区域，可采用壁面函数法进行处理。

壁面函数法对于大多数高 Re 数流动，壁面函数能明显节省计算资源。壁面函数实际上是半经验公式和函数的混合，它把在壁面附近的求解变量和相应壁面上的量联系在一起。壁面函数给出了对平均速度或其他标量的壁面法则和对近壁湍流量的计算。

假定在所计算问题的壁面粘性底层以外的区域，无量纲平均速度 U^+ 服从对数分布：

$$U^+=\frac{1}{\kappa}\ln(Ey^+) \tag{2-21}$$

式中：κ——冯卡门常数；

E——壁面粗糙系数。

壁面函数给出平均速度满足：

$$U^+=\frac{\mu_p C_\mu^{1/4}k_p^{1/2}}{\tau_w/\rho},y^+=\frac{\rho C_\mu^{1/4}k_p^{1/2}y_p}{\mu} \tag{2-22}$$

式中：μ_{p}——节点 P 的平均速度；

k_{p}——节点 P 的湍动能；

τ_{w}——壁面切应力；

y_{p}——节点 P 到壁面的距离。

第一个节点 P 的 k_{p} 可按 k 方程计算，其边界条件为沿壁面法向的梯度为零。若第一个节点在粘性底层内且具壁面较近，可取 $k_{\mathrm{w}}=0$ 为边界条件；若第一个节点位于粘性底层之外，则在这个控制体中，可取 $(\partial k/\partial y)_{\mathrm{w}}\approx 0$（$y$ 为垂直于壁面的坐标）。至于 ε 值可按 k-ε 模型中对 ε 的定义来确定。P 的 ε 值一般不通过求解离散方程，而是根据代数方程来确定。根据 $\varepsilon=C_{\mathrm{D}}k^{3/2}/l$，已知 k_{p}，只要选定 l 的计算方法就可得到 ε。

（2）k-ω 二方程模型

k-ω 模型的特点是对近壁区域的低雷诺数计算。模型不包含复杂的 k-ε 模型要求的非线性阻尼函数，因此更准确，同时具有更好的鲁棒性。k-ω 模型假设湍动粘度 μ_t 与湍动能 k 和湍流频率 ω 有关。

$$\mu_t=\frac{\rho k}{\omega} \tag{2-23}$$

$$\frac{\partial(\rho k)}{\partial t}+\frac{\partial(\rho k u_j)}{\partial x_j}=G_k-\beta_{\mathrm{w}}^{*}k\omega+\frac{\partial}{\partial x_j}\left[(\mu+\sigma_k\mu_{\mathrm{t}})\frac{\partial k}{\partial x_j}\right] \tag{2-24}$$

$$\frac{\partial(\rho\omega)}{\partial t}+\frac{\partial(\rho\omega u_j)}{\partial x_j}=\alpha_{\mathrm{w}}\frac{\omega}{k}G_k-\beta_{\mathrm{w}}\rho\omega^2+\frac{\partial}{\partial x_j}\left[(\mu+\sigma_{\omega}\mu_{\mathrm{t}})\frac{\partial\omega}{\partial x_j}\right] \tag{2-25}$$

其中常数分别为：$\alpha_{\mathrm{w}}=5/9$、$\beta_{\mathrm{w}}^{*}=0.09$、$\beta_{\mathrm{w}}=0.075$、$\sigma_k=2$ 和 $\sigma_{\omega 2}=2$。

（3）基于 k-ω 的剪应力传输（SST）模型

基于 k-ω 的剪应力传输模型（SST）对于负压梯度条件下的流动分离的开始和强度有很高的精度。μ_t 为湍流粘性，F_2 为混合函数，S 为剪应力张量的常数项。

$$\mu_t=\frac{\rho\alpha_1 k}{\max(\alpha_1\omega, SF_2)} \tag{2-26}$$

3. 大涡模拟数值模拟

是一种与直接数值模拟相类似但更具实用性的方法，其基本思想是在流动的大尺度结构和小尺度结构（Kolomogrov scale）之间选一滤波宽度对控制方程进行滤波，把所有变量分为大尺度分量（也成为滤波后变量）和小尺度分量两部分。滤波后的变量可通过下式得到：

$$\overline{\phi}=\int_D \phi G(x,x')\mathrm{d}x' \tag{2-27}$$

式中：　D——流动区域；

x'——实际流动区域中的空间坐标；

x——滤波后的大尺度空间上的空间坐标；

G（x，x'）——滤波函数。

对于大尺度量，大涡模拟方法中采用瞬时 Navier-Stokes 方程进行直接模拟，而对小尺度量采用亚格子模型（Subgrid-scale Model，SGS）进行模拟。因此对于大尺度结构，大涡模拟可获得真实结构状态，而由于湍流中的小尺度涡具有各向同性的特点，采用统一的亚格子模型是一种合理的简化。

LES 方法可精确模拟分离流动以及与几何相关的大尺度非定常运动，在湍流充分发展区域，所花费的计算资源仅需 DNS 方法的很小部分。但是在近壁区域，湍流是各向异性的。同时，在垂直壁面的方向上，脉动尺度很小，很难区分“大涡”和“小涡”。因此，实现“完善”的大涡数值模拟，在近壁区需要直接数值模拟的网格。对于高雷诺数壁湍流，这种“完善”的大涡模拟需要的网格数几乎和直接模拟相等。当近壁面网格密度未达到相应要求，且近壁流动对流场特征有显著影响时，计算结果有可能严重失真。由于大涡模拟方法对于近壁面区域网格尺度的苛刻要求，限制了其在工程中的应用。

4. RANS-LES 混合模型

由上一节的分析可知，RANS 和 LES 方法都有其各自的优点和局限。而对于本书的具体问题，由于主要考察空泡流的瞬时非定常特性，所以 LES 方法从理论上而言更适合本书的研究。限制 LES 方法在工程中应用的主要问题在于近壁区域内需要布置极细密的网格，从而使其计算成本过高。因此，要采用 LES 方法进行非定常空泡流模拟必须对近壁面区域进行必要的近似、简化，使之在保证一定的精度前提下可以使用相对较为粗糙的近壁网格。目前 LES 的近壁区域近似处理方法主要有如下两种：采用壁面函数法和在近壁层采用低雷诺数 RANS 模型。上述两种方法分别与 LES 结合构成采用壁面函数的 LES 方法和 RANS-LES 混合模拟方法。

壁面函数法，即对壁面区不进行求解，而是直接使用半经验公式将壁面上的物理量与边界层外部的求解变量联系起来，其与 RANS 通常采用的壁面函数法相似。平衡流模型是出现较早，且在 LES 计算中采用较多的一类壁面函数。其基本思想是假定在近壁区存在平均速度具有对数率的湍流平衡层，数值模拟时，垂直壁面上的第一个网格点位于平衡层中。根据 Schumann 所建立的平衡流模型，垂直壁面的第一个网格上满足 $y_{p}^{+}>30$，且在该网格点上满足以下边界条件：

$$\frac{\tau_{xy,w}(x,z,t)}{\overline{u}(x,y_{p}^{+},z,t)}=\frac{\tau_{w}}{\widetilde{u}(y_{p}^{+})} \tag{2-28}$$

$$\tau_{xz,w}(x,z,t)=\mu\frac{\overline{w}(x,y_{p}^{+},z,t)}{y_{p}^{+}} \tag{2-29}$$

式中：$\tau_{w}=\rho u_{\tau}^{2}$，$\widetilde{u}(y^{+})/u_{\tau}=(\ln u_{\tau}y_{p}/\nu)/\kappa+C$。

在 Schumann 模型的基础上，研究人员又提出了多种改进形式。在无分离的壁面湍流层中（如管道流中的近壁流动）平衡模型可以获得较令人满意的计算结果。但是在复杂壁湍流（如有分离的壁面层中）由于经常没有明显的对数率区域，因此平衡层的假设并不成立。此外，壁面函数法一个无法避免的问题是其不能反映出近壁区域内流场动力特征的变化。

与采用壁面函数的 LES 方法相比，RANS-LES 混合模拟方法具有更广泛的适用性，同时可以在一定程度上对近壁区域内的湍流特征进行描述。按照 RANS 和 LES 的联合计算方式，现有的 RANS-LES 混合模拟方法可分为：混成湍流模型（Blending Turbulence

Models)[129-132]、RANS 和 LES 界面连接模型（Interfacing RANS and LES Models)[133-135]、分离模型（Segregated Modeling）等。在本书中采用的湍流计算模型为 RANS 和 LES 界面连接模型中的分离涡模型（Detached Eddy Simulation，DES)[136-137]。该模型是 RANS-LES 混合模拟方法中目前应用较广且相对成熟的一种计算模型。下面对这一模型的理论基础及实现方式进行详细论述。

（1）DES 的理论基础

DES 模型属于 RANS 和 LES 界面连接模型的一种。该类模型进行湍流模拟时，在计算域中的某一区域采用 LES 方法，而在计算域的其他区域采用 RANS 方法。采用 LES 的计算区域和采用 RANS 的计算区域在每一瞬时都存在确定的边界。

将时均化的 Reynolds 方程（2-17）改写成式（2-30）的形式。与 LES 中经滤波处理后的瞬时状态下的 Navier-Stokes 方程（2-31）进行对比，会发现尽管两个方程中各项的物理意义完全不同，但是二者具有相似的形式［方程（2-31）中带有上划线的量为滤波后的场变量］。如果亚格子尺度应力 τ_{ij}^{LES} 和 Reynolds 应力的计算也可以采用相同形式的模型，则整个计算域可以采用一套统一形式的模型进行计算，从而实现 LES 与 RANS 的“无缝对接”。考虑到许多 LES 亚格子模型的计算灵感来自于 RANS 模型（如 Smagorinsky 亚格子模型中引入亚格子湍动粘度，这一概念与 RANS 涡粘模型中的湍动粘度相对应），因此只需要进行简单的处理，就可以使亚格子尺度应力和 Reynolds 应力具有相同的计算式。在整个计算域采用单一的湍流模型进行计算是 DES 方法的基础。

$$\frac{\partial}{\partial t}(\rho\overline{u_i})+\frac{\partial}{\partial x_j}(\rho\overline{u'_i u'_j})=-\frac{\partial\overline{p}}{\partial x_j}+\frac{\partial}{\partial x_j}\left(\mu\frac{\partial\overline{u_i}}{\partial x_j}\right)-\frac{\partial\tau_{ij}^{\text{RANS}}}{\partial x_j}\tag{2-30}$$

$$\frac{\partial}{\partial t}(\rho\overline{u_i})+\frac{\partial}{\partial x_j}(\rho\overline{u'_i u'_j})=-\frac{\partial\overline{p}}{\partial x_j}+\frac{\partial}{\partial x_j}\left(\mu\frac{\partial\overline{u_i}}{\partial x_j}\right)-\frac{\partial\tau_{ij}^{\text{LES}}}{\partial x_j}\tag{2-31}$$

式中：τ_{ij}^{RANS} 为 Reynolds 应力；τ_{ij}^{LES} 为亚格子尺度应力。

根据 Travin 等给出的 DES 方法的一般性定义：DES 是一种利用单一湍流模型的非定常数值求解方法。当网格密度达到 LES 要求时，湍流模型表现为 LES 的亚格子模型；在其他区域则作为 RANS 的湍流模型。具体实现过程为：将湍流模型中的长度尺度用式（2-32）的 DES 长度尺度替换。

$$L_{\text{DES}}=\min(L_{\text{RANS}},C_{\text{DES}}\Delta)\tag{2-32}$$

式中：C_{DES} 为模型常数，类似于 LES 中的 Smagorinsky 常数，是与网格尺度相关的量。

由 DES 方法的定义可知，其区别于其他 RANS-LES 混合方法的主要特征在于：整个计算域采用统一形式湍流模型；通过网格尺度判定 LES 区域与 RANS 区域。

需要指出的是，DES 方法相对于 LES 的最大优点在于其放宽了近壁边界层内的网格密度要求，可以采用较大长宽比（Aspect Rate）的网格，从而在高雷诺数工况下极大地减少了网格数目。而在湍流充分发展区域内，其网格仍要满足 LES 的布置要求。

（2）基于 Spalart-Allmaras 模型的 DES 方法

DES 方法最早由 P. R. Spalart 于 1997 年提出[138]。在 P. R. Spalart 的 DES 计算模型中，采用 Spalart-Allmaras 一方程模型作为湍流模型，湍流粘度（Turbulent Viscosity）的输运方程为：

$$\frac{\partial}{\partial t}(\rho\tilde{v})+\frac{\partial}{\partial x_i}(\rho\tilde{v}u_j)=G_{\mathrm{v}}+\frac{1}{\sigma_{\tilde{v}}}\left\{\frac{\partial}{\partial x_j}\left[(\mu+\rho\tilde{v})\frac{\partial\tilde{v}}{\partial x_j}\right]+C_{\mathrm{b2}}\rho\left(\frac{\partial\tilde{v}}{\partial x_j}\right)^2\right\}-Y_{\mathrm{v}} \tag{2-33}$$

式中：$\tilde{v}$——除粘性力影响区域外等于湍流粘度；

G_{v}——湍流粘度的生成项；

Y_{v}——近壁面区域由于壁面阻挡和粘滞阻尼引起的湍流粘度湮灭项；

$\sigma_{\tilde{v}}$——模型常数，取 2/3；

C_{b2}——模型常数，取 7.1。

湍流粘度（turbulent viscosity）μ_t 与 $\tilde{v}$ 的关系为：

$$\mu_t=\rho\tilde{\nu}f_{\nu1} \tag{2-34}$$

$$f_{\nu1}=\frac{\chi^3}{\chi^3+C_{\nu1}^3} \tag{2-35}$$

$$\chi\equiv\frac{\tilde{\nu}}{\nu} \tag{2-36}$$

式中：$f_{\nu1}$——粘性阻尼函数；

ν——分子运动粘度；

$C_{\nu1}$——模型常数，取 7.1。

$$G_{\nu}=C_{\mathrm{b1}}\rho\tilde{S}\tilde{\nu} \tag{2-37}$$

$$\tilde{S}\equiv S+\frac{\tilde{\nu}}{\kappa^2d^2}f_{\nu2} \tag{2-38}$$

$$f_{\nu2}=1-\frac{\chi}{1+\chi f_{\nu1}} \tag{2-39}$$

式中：C_{b1}——模型常数，取 0.1355；

d——距壁面距离；

κ——模型常数，取 0.4187。

$$Y_{\nu}=C_{\mathrm{w1}}\rho g\left[\frac{1+C_{\mathrm{w3}}^6}{g^6+C_{\mathrm{w3}}^6}\right]^{1/6}\left(\frac{\tilde{\nu}}{d}\right)^2 \tag{2-40}$$

$$g=r+C_{\mathrm{w2}}(r^6-r) \tag{2-41}$$

$$r\equiv\frac{\tilde{\nu}}{\tilde{S}\kappa^2d^2} \tag{2-42}$$

$$C_{\mathrm{w1}}=\frac{C_{\mathrm{b1}}}{\kappa^2}+\frac{(1+C_{\mathrm{b2}})}{\sigma_{\tilde{\nu}}} \tag{2-43}$$

式中：C_{w1}——模型常数；

C_{w2}——模型常数，取 0.3；

C_{w3}——模型常数，取 2.0。

在 Spalart-Allmaras 模型中距壁面距离 D 是决定湍流粘度产生及湮灭的重要参数，因此在基于 Spalart-Allmaras 模型的 DES 方法中将其定义为 RANS 长度尺度，采用新的长度尺度 $\tilde{d}$ 替代式（2-40）、式（2-41）、式（2-42）中的 D，$\tilde{d}$ 的定义式为：

$$\tilde{d}=\min(d, C_{DES}\Delta) \tag{2-44}$$

式中：Δ——计算网格在 x、y、z 方向上的最大距离；

C_{DES}——经验常数，取 0.65。

当 $\tilde{d}$ 取 D 时，式（2-33）为 RANS 湍流模型，当 $\tilde{d}$ 取 $C_{DES}\Delta$ 时，式（2-33）为 LES 的亚格子模型。利用长度尺度 D 可以一定程度上对近壁流动区域和自由流动区域进行区分（图 2-1）。

需要说明的是，$C_{DES}\Delta$ 完全依赖于网格尺度。当近壁区域网格较为细密，即 $C_{DES}\Delta<d$ 时，近壁区域流场计算采用的是 LES 方法。而此时的近壁网格密度很可能不能满足 LES 的要求，从而导致不合理的湍流应力耗散（Modeled Stress Depletion，MSD）。

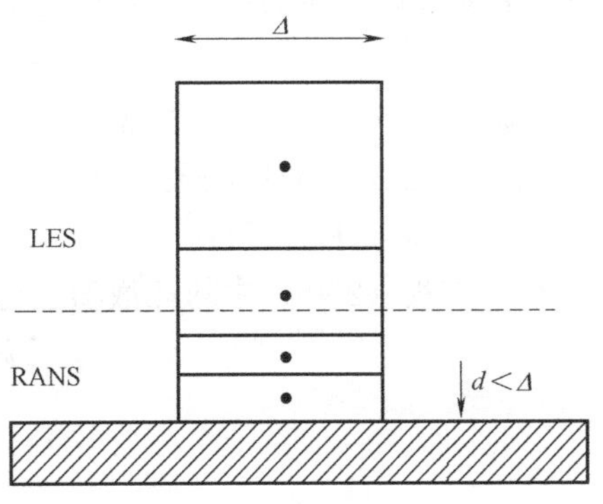

图 2-1　Spalart-Allmaras DES 方法中 RANS 与 LES 转化示意图

（3）基于 SST k-ω 模型的 DES 方法

F. R. Menter 采用 Spalart 的思想，提出了基于 SST k-ω 两方程湍流模型的 DES 方法[139]。SST k-ω 模型中，k 和 ω 的输运方程如下：

$$\frac{\partial(\rho k)}{\partial t}+\frac{\partial(\rho k u_j)}{\partial x_j}=\tilde{G}_k-\rho\beta_\omega^* k\omega+\frac{\partial}{\partial x_j}\left[(\mu+\sigma_k\mu_t)\frac{\partial k}{\partial x_j}\right] \tag{2-45}$$

$$\frac{\partial(\rho\omega)}{\partial t}+\frac{\partial(\rho\omega u_j)}{\partial x_j}=\alpha\rho S^2-\rho\beta_\omega\omega^2+\frac{\partial}{\partial x_j}\left[(\mu+\sigma\mu_t)\frac{\partial\omega}{\partial x_j}\right]$$

$$+2\rho(1-F_1)\sigma_{\omega2}\frac{1}{\omega}\frac{\partial k}{\partial x_j}\frac{\partial\omega}{\partial x_j} \tag{2-46}$$

其中混合函数（Bending Function）F_1 的定义式如下：

$$F_1=\tanh\left\{\left\{\min\left[\max\left(\frac{\sqrt{k}}{\beta^*\omega y},\frac{500v}{y^2\omega}\right),\frac{4\rho\sigma_{\omega2}k}{CD_{k\omega}y^2}\right]\right\}^4\right\} \tag{2-47}$$

$$CD_{k\omega}=\max\left(2\rho\sigma_{\omega2}\frac{1}{\omega}\frac{\partial k}{\partial x_i}\frac{\partial\omega}{\partial x_i},10^{-10}\right) \tag{2-48}$$

$$\tilde{G}_k=\min(G_k, 10\cdot\beta^*\rho k\omega) \tag{2-49}$$

$$G_k=\mu_t\frac{\partial u_i}{\partial x_j}\left(\frac{\partial u_i}{\partial x_j}+\frac{\partial u_j}{\partial x_i}\right) \tag{2-50}$$

$$\mu_t=\frac{a_1 k}{\max(a_1\omega, SF_2)} \tag{2-51}$$

$$F_2=\tanh\left\{\left[\max\left(\frac{2\sqrt{k}}{\beta^*\omega y},\frac{500\mu}{y^2\omega}\right)\right]^2\right\} \tag{2-52}$$

式中，$\tilde{G}_k$——湍动能 k 生成项；

μ_t——湍流粘度；

y——据最近壁面的距离；

S——应变率张量；

α_1——模型常数，取1.0；

β——模型常数，取0.09。

SST k-ω 模型实质是一种混合了 k-ε 和 k-ω 的湍流模型。模型参数均采用式（2-53）对 k-ε 和 k-ω 中对应的模型常数进行混合获得。

$$\phi = F_1\phi_1 + (1-F_1)\phi_2 \tag{2-53}$$

式中：ϕ——SST模型对应的常数；

ϕ_1——k-ω 中对应的模型常数；

ϕ_2——k-ε 中对应的模型常数。

对 k 方程（2-45）中的耗散项进行如下修正：

$$\rho\beta_{\mathrm{w}}^{*}k\omega = \rho\beta_{\mathrm{w}}^{*}k\omega \cdot L_{\mathrm{DES}} \tag{2-54}$$

$$L_{\mathrm{DES}} = \max\left(\frac{1}{C_{\mathrm{DES}}\Delta}, 1\right) \tag{2-55}$$

$$L_{\mathrm{t}} = \frac{\sqrt{k}}{\beta \cdot \omega} \tag{2-56}$$

式中：Δ——单元间的最大距离，$\Delta = \max$（Δx，Δy，Δz）；

C_{DES}——经验常数，取0.61。

在基于Spalart-Allmaras模型的DES方法中，DES长度尺度 L_{DES} 完全依赖网格。而在基于SST RANS模型的DES方法中，由流场的湍流特征决定。在近壁面区域 ω 较大(在壁面上理论上为∞)，而湍动能 k 相对较小，因此很小。而随着距壁面距离的增加，ω 迅速减小，随之迅速增长。因此，采用 L_t 作为长度尺度可以更为有效地对近壁区域和湍流核心区域进行区分。但是，由于 L_{DES} 同样受网格尺度的影响，在某些情况下，当近壁面区域网格较为细密时，边界层中的计算模型同样有可能转换为LES。为了克服这一问题，本章中引入混合函数对（2-47）进行修正：

$$L_{\mathrm{DES}} = \max\left(\frac{L_{\mathrm{t}}}{C_{\mathrm{DES}}\Delta}(1-F_2), 1\right) \tag{2-57}$$

2.3.3 空化模型

近年来，人们提出了一系列基于输运方程的模型[140]，采用代表汽化和液化过程的源项来模拟汽液之间的质量输运。模型的不同主要在于输运方程中代表汽化和液化过程的源相的表达式有所不同。源相中都包含经验常数，这些常数大多是通过数值试验得到的。这种模型通过求解含汽（液）率的输运方程可以直接获得含汽（液）率，进而求得混合物的密度。这种方法的优点是通过采用关于源项的经验公式考虑了质量输运的时变过程，可以更好地模拟空泡流的非定常特性。

1. 未考虑非凝结气体影响的输运方程模型

含液率输运方程的本质是液相的连续性方程，其基本形式如下：

$$\frac{\partial \alpha_l}{\partial t} + \frac{\partial}{\partial x_j}(\alpha_l u_j) = \frac{1}{\rho_l}(\dot{m}^- + \dot{m}^+) \tag{2-58}$$

其中，α_l 为体积含液率；$\dot{m}^-$ 为代表汽化过程的源项，也称作蒸发项；$\dot{m}^+$ 为代表液化过程的源项，也称作凝结项。下述的前三个模型都采用了这一形式的含液率输运方程。

（1）Merkle 模型[140]

$$\dot{m}^{-}=\frac{C_{\text{dest}}\rho_l\alpha_l\min[p-p_{\text{v}},0]}{(0.5\rho_l V_{\infty}^2)\ t_{\infty}} \tag{2-59}$$

$$\dot{m}^{+}=\frac{C_{\text{prod}}\rho_l(1-\alpha_l)\max[p-p_{\text{v}},0]}{(0.5\rho_l V_{\infty}^2)\ t_{\infty}} \tag{2-60}$$

其中，C_{dest} 和 C_{proc} 为经验常数，针对不同问题可能取值不同；V_{∞} 和 t_{∞} 分别为特征速度和特征时间。

（2）Kunz 模型[141]

$$\dot{m}^{-}=\frac{C_{\text{dest}}\rho_l\alpha_l\min[p-p_{\text{v}},0]}{(0.5\rho_l V_{\infty}^2)\ t_{\infty}} \tag{2-61}$$

$$\dot{m}^{+}=\frac{C_{\text{prod}}\rho_l\alpha_l^2(1-\alpha_l)}{t_{\infty}} \tag{2-62}$$

（3）Senocak 模型[142]

Senocak 评价了各种空泡模型的优缺点，并建立了一种更基础的基于界面动力学的空泡模型，这种模型的主要难点在于界面速度的确定。

$$\dot{m}^{-}=\frac{\rho_l\rho_l\alpha_l\min[p-p_{\text{v}},0]}{\rho_{\text{v}}(V_{\text{v,n}}-V_{l,\text{n}})^2(\rho_l-\rho_{\text{v}})t_{\infty}} \tag{2-63}$$

$$\dot{m}^{+}=\frac{\rho_l(1-\alpha_i)\max[p-p_{\text{v}},0]}{(V_{\text{v,n}}-V_{l,\text{n}})^2(\rho_l-\rho_{\text{v}})t_{\infty}} \tag{2-64}$$

其中，$V_{\text{v,n}}$ 为汽体在空泡界面处的法向速度；$V_{l,\text{n}}$ 为汽液界面的运动速度。

2. 考虑非凝结气体影响的输运方程模型

空泡流本身就是一种复杂的流动，而由于尾喷形成的燃气或人工通入的空气形成的通气空泡流动又具有一些新的特性，燃气和空气这类非凝结气体的存在为数值模拟带来了很大困难。首先通气空泡流动中的流动介质为两相、三组分，两相即气相和液相，三组分即空气、水蒸气和水。水蒸气和水之间存在相变过程，而且水蒸气和空气都具有一定的可压缩性，这使得通气空泡的模拟比较困难，近五年来才有少数学者对该问题进行了深入研究，以均质平衡流动理论为基础，建立了考虑气体影响的基于输运方程的模型。

（1）Kunz 模型[141]

Kunz 在 1999 年提出的模型基础上，进一步考虑了非凝结气体可压缩性的影响，建立了适用于通气空泡数值模拟的输运模型。假定三种组分的密度都是恒定的，并且混合物的密度按如下表达式变化：

$$\rho=\rho_l\alpha_l+\rho_{\text{v}}\alpha_{\text{v}}+\rho_{\text{g}}\alpha_{\text{g}} \tag{2-65}$$

其中，ρ_{g} 和 α_{g} 分别为非凝结气体的密度和体积含气率。

通过求解混合物的动量方程和三种组分的连续性方程来得到通气空泡的流场，三个连续性方程分别基于三种组分的体积分数。

$$\frac{\partial\alpha_l}{\partial t}+\frac{\partial\alpha_l u_j}{\partial x_j}=\frac{1}{\rho_l}(\dot{m}^{-}+\dot{m}^{+}) \tag{2-66}$$

$$\frac{\partial \alpha_{\rm v}}{\partial t}+\frac{\partial \alpha_{\rm v} u_j}{\partial x_j}=-\frac{1}{\rho_{\rm v}}(\dot{m}^-+\dot{m}^+) \tag{2-67}$$

$$\frac{\partial \alpha_{\rm g}}{\partial t}+\frac{\partial \alpha_{\rm g} u_j}{\partial x_j}=0 \tag{2-68}$$

其中，$\dot{m}^-$和$\dot{m}^+$采用如下表达式：

$$\dot{m}^-=\frac{C_{\rm dest}\rho_{\rm v}\alpha_l \min[0,p-p_{\rm v}]}{(1/2\rho_l U_\infty^2)t_\infty} \tag{2-69}$$

$$\dot{m}^+=\frac{C_{\rm proc}\rho_{\rm v}(\alpha_l-\alpha_{\rm g})^2(1-\alpha_l-\alpha_{\rm g})}{t_\infty} \tag{2-70}$$

Owis 等人也提出了类似的模型，只是源项采用了 Merkle 模型的表达式。

(2) Singhal 模型[143]

Singhal 认为水和水蒸气的密度是恒定的，而气体的密度随压力变化（但未考虑随温度的变化），即部分考虑了气体可压缩性的影响。同时认为混合物的密度按如下表达式变化：

$$\frac{1}{\rho}=\frac{y_l}{\rho_l}+\frac{y_{\rm v}}{\rho_{\rm v}}+\frac{y_{\rm g}}{\rho_{\rm g}} \tag{2-71}$$

$$y_i=\frac{\alpha_i\rho_i}{\rho} \tag{2-72}$$

式中：$i=l$，v，g 分别表示液体、汽体、不可冷凝气体。

值得注意的是，在 Singhal 的研究中认为质量含气率 $y_{\rm g}$ 是恒定的，需要事先给定，因此通气空泡流场的获得只需求解动量方程和两个连续性方程来得到，两个连续性方程分别基于质量含汽率和混合物整体。

$$\frac{\partial \rho}{\partial t}+\frac{\partial(\rho u_j)}{\partial x_j}=0 \tag{2-73}$$

$$\frac{\partial(\rho y_{\rm v})}{\partial t}+\frac{\partial(\rho y_{\rm v} u_j)}{\partial x_j}=\dot{m}^-+\dot{m}^+ \tag{2-74}$$

式中：$\dot{m}^-$和$\dot{m}^+$分别表示蒸发与冷凝，采用如下表达式

$$\dot{m}^-=C_{\rm dest}\frac{\sqrt{k}}{\sigma}\rho_l\rho_{\rm v}\left[\frac{2}{3}\frac{p_{\rm v}-p}{\rho_l}\right]^{1/2} y_l \qquad p\leqslant p_{\rm v} \tag{2-75}$$

$$\dot{m}^+=C_{\rm proc}\frac{\sqrt{k}}{\sigma}\rho_l\rho_l\left[\frac{2}{3}\frac{p-p_{\rm v}}{\rho_l}\right]^{1/2} y_{\rm v} \qquad p>p_{\rm v} \tag{2-76}$$

式中：k——为湍动能；

σ——为表面张力。

(3) Owis 模型[128]

Owis 等人认为三种组分的密度均随压力和焓而变化的，即考虑了可压缩性对三种组分的影响。

$$\rho_i=f_i(p,h)(i=l,{\rm v},{\rm g}) \tag{2-77}$$

同时认为混合物的密度按如下表达式变化：

$$\rho=\rho_l\alpha_l+\rho_v\alpha_v+\rho_g\alpha_g \tag{2-78}$$

通过求解动量方程、能量方程和三个连续性方程来得到通气空泡流动的流场，三个连续性方程同样是分别基于三种组分的体积分数。

能量方程

$$\frac{\partial(\rho h_t)}{\partial t}-\frac{\partial p}{\partial t}+\frac{\partial(\rho h_t u_j)}{\partial x_j}=-\frac{\partial \dot{q}_j}{\partial x_j}+\frac{\partial(u_j\tau_{ij})}{\partial x_j}+\rho u_k g_k+[(h_f^{T_s})_v-(h_f^{T_s})_l](\dot{m}^-+\dot{m}^+) \tag{2-79}$$

其中，h_t 为总焓；$\dot{q}_j$ 为热流通量；g_k 为重力矢量；$h_f^{T_s}$ 为温度 T_s 时的生成热。

连续性方程

$$\frac{\partial\alpha_l}{\partial t}+\frac{\partial(\alpha_l u_j)}{\partial x_j}=\frac{1}{\rho_l}(\dot{m}^-+\dot{m}^+) \tag{2-80}$$

$$\frac{\partial\alpha_v}{\partial t}+\frac{\partial(\alpha_v u_j)}{\partial x_j}=-\frac{1}{\rho_v}(\dot{m}^-+\dot{m}^+) \tag{2-81}$$

$$\frac{\partial\alpha_g}{\partial t}+\frac{\partial(\alpha_g u_j)}{\partial x_j}=0 \tag{2-82}$$

其中，$\dot{m}^-$ 和 $\dot{m}^+$ 采用了 Merkle 模型的表达式[140]。

(4) Yuan 模型

Yuan[128] 同样假定三种组分的密度都是恒定的，这种模型的特殊之处在于连续性方程的表达方式有所不同。

$$\frac{\partial\alpha_v}{\partial t}+\frac{\partial(\alpha_v u_j)}{\partial x_j}=\frac{\rho_l}{\rho+\alpha_g(\rho_l-\rho_g)}\frac{d\alpha_v}{dt} \tag{2-83}$$

$$\frac{\partial\alpha_l}{\partial t}+\frac{\partial(\alpha_l u_j)}{\partial x_j}=\frac{\rho_v}{\rho+\alpha_g(\rho_l-\rho_g)}\frac{d\alpha_v}{dt} \tag{2-84}$$

$$\frac{\partial\alpha_g}{\partial t}+\frac{\partial(\alpha_g u_j)}{\partial x_j}=0 \tag{2-85}$$

基于汽泡动力学理论，补充体积含汽率与混合物密度关系的方程，再结合动量方程和三个连续性方程，封闭整个方程组即可求解。

$$\frac{d\alpha_v}{dt}=\frac{\alpha_l n}{1+\dfrac{\rho+\alpha_g(\rho_v-\rho_g)}{\rho+\alpha_g(\rho_l-\rho_g)}\cdot n\,\dfrac{4}{3}\pi R^3}\frac{d\left(\dfrac{4}{3}\pi R^3\right)}{dt} \tag{2-86}$$

2.4　控制方程的数值求解

2.4.1　数值方法

前面在对空泡非定常流动过程物理现象分析的基础之上建立了包括基本控制方程、多相流动模型和湍流模型在内的封闭数学模型。但该数学模型是一组非线性的对流扩散型偏微分方程组，需要通过数值的方法进行求解。所谓数值方法就是把原来连续空间和时间用一系列有限的离散点代替，通过一定的方式将各个离散点联系起来，从而建立起一组离散化的代数方程，最终求解所建立起来的代数方程获得所求解变量的近似值。整个数值求解过程基本流程，主要包括区域、物理方程及边界条件的离散和对离散后的方程的求解几部分，流程图如图 2-2 所示。

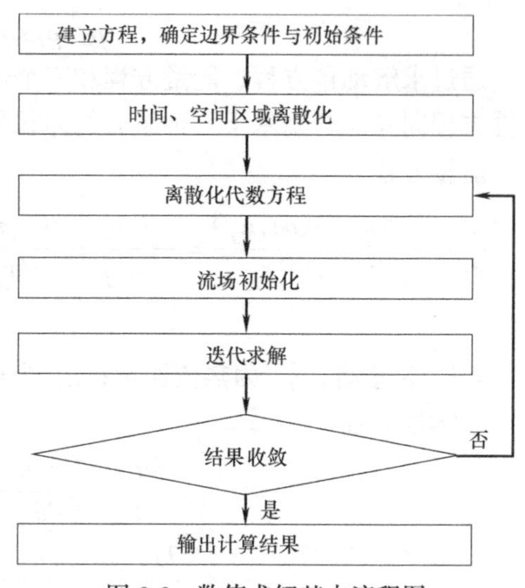

图 2-2　数值求解基本流程图

在过去的几十年内数值计算方法取得了迅速的发展，并建立了多种数值解法，但对物理问题的求解流程均类似，主要区别在于处理区域和方程的具体离散方式不同，以及对离散后的代数方程的具体求解过程存在一定的差异。目前，计算流体力学（CFD-Computational Fluid Dynamics）中应用较为广泛的数值计算方法有：有限元法（FEM-finite Element Method）、有限差分法（FDM-finite Difference Method）和有限体积法（FVM-finite Volume Method）三种。本书选用目前在 CFD 中应用最为广泛的有限体积法对控制方程进行离散处理。在数值求解过程中分别对控制方程中的对流项的离散采用二阶迎风格式，水蒸气相的离散采用 QUICK 格式，湍流输运方程的离散采用二阶迎风格式；对时间项的离散采用显示方案。

在获得离散后的代数方程组后需要选择合适的求解方式对代数方程进行迭代求解。而目前对非线性离散代数方程组的求解方法主要有耦合式求解和分离式求解两种。其中，耦合式求解的思想是同时求解控制方程组的所有方程，同时得出在同一时刻的各个流场参数。该方法在针对计算流场的密度、能量和动量等参数存在强力的相互依赖关系时使用具有一定的优势。但由于需要同时联立控制方程，因此在使用耦合式求解方式时对计算机性能要求较高。而分离式求解方法回避了直接联立求解代数方程组，采用顺序、逐个地求解相应的代数方程组，在满足一定计算精度条件下还具有较好的经济性，在求解三维入水问题具有一定的优势，因此本书选取分离式求解方式。并在求解动量方程和质量守恒方程时选取针对原始变量采用 PISO（Pressure Implicit With Splitting of Operators）算法的压力修正方法。PISO 算法的压力修正方法的核心思想是采用“假设—修正—再修正”的过程，基本步骤如下：

（1）给定一个假定的初始压力场；

（2）利用给定的初始压力场联立求解动量方程，得到与假设压力场对应的速度场；

（3）将上一步的速度场求解联系性方程，建立一个关于压力场的修正方程；

（4）在前一次的修正方程基础之上进行再一次修正，得到同时满足连续性方程和动量方程的压力场和速度场；

（5）求解湍流方程和组分方程。

判别当前时间步长的计算结果是否收敛。若未收敛，返回到第（2）步，继续进行迭代计算；若收敛，重复上述步骤，进行下一时间步的计算。

2.4.2　动网格技术

本节通过引入动网格技术描述运动体与计算域之间的相对运动。动网格在更新过程中出现相对于运动边界与静止边界之间的相对运动和位置的改变，需要对基本控制方程做一定的调整。基本思路是在控制方程的对流项中减去网格运动的相对速度，针对广义变量 φ 在控制体 V 内的积分方程可表示为：

$$\frac{\mathrm{d}}{\mathrm{d}t}\int_{V}\rho_{\mathrm{m}}\varphi\mathrm{d}V+\int_{\partial V}\rho_{\mathrm{m}}\varphi(\vec{u}-\vec{u}_{\mathrm{g}})\cdot\mathrm{d}\vec{A}=\int_{\partial V}\Gamma\nabla\varphi\cdot\mathrm{d}\vec{A}+\int_{V}S_{\varphi}\mathrm{d}V \tag{2-87}$$

式中，ρ_{m} 表示混合物密度，$\vec{u}$ 表示速度矢量，$\vec{u}_{\mathrm{g}}$ 表示动网格的运动速度，Γ 表示扩散系数，S_{φ} 表示标量 φ 的源项，∂V 表示控制体积 V 的边界。

动网格技术主要是通过网格本身的动态更新来实现运动边界与静止区域之间的相对运动。目前最为常见的动网格更新方式主要有弹簧光滑法、动态层法和局部重划法三种，不同方法具有各自的特点和不同的使用范围。下面分别介绍各自的核心思想和使用范围：

（1）弹簧平滑法，是指网格的边界被理想化为一根具有一定刚度的弹簧。在网格更新前所处的初始状态相当于由弹簧所组成的系统处于平衡状态。当网格边界中某一节点发生位移后，与该节点相连接的各个“弹簧”均会产生与位移成比例关系的力，且各个力的大小满足胡克定律。网格点上的各个力可以写成：

$$\overline{F}_{i}=\sum_{j}^{n_{i}}k_{ij}(\Delta\vec{x}_{j}-\Delta\vec{x}_{i}) \tag{2-88}$$

式中：$\Delta\vec{x}_{i}$ 和 $\Delta\vec{x}_{j}$——分别表示节点 i 和邻近节点 j 的位移；

n_{i}——表示与节点 i 相连接的邻近节点数目；

k_{ij}——表示节点 i 和节点 j 之间的弹簧刚性系数，$k_{ij}=1/\sqrt{|\overline{x}_{i}-\overline{x}_{j}|}$。

由于初始的网格平衡被打破，在外力的作用下各个节点间的弹簧系统将达到新的平衡，且当达到新的平衡时，在一个节点上的由邻近弹簧产生的合力必须是零，得到新的约束条件：

$$\Delta\vec{x}_{i}^{m+1}=\frac{\sum_{j}^{n_{i}}k_{ij}\Delta\vec{x}_{j}^{m}}{\sum_{j}^{n_{i}}k_{ij}} \tag{2-89}$$

在通过对上式的求解，获得收敛结果的基础之上，并结合第 n 时间层的计算结果计算第 $n+1$ 时间层的位移：

$$\vec{x}_{i}^{n+1}=\vec{x}_{i}^{n}+\Delta\vec{x}_{i}^{m,converged} \tag{2-90}$$

弹簧平滑法主要适用于网格运动相对简单：包括网格运动方向单一、运动方向垂直于边界。如果不满足以上条件，会导致网格在更新过程中产生较高的偏斜值。

（2）动态层法，主要适用于结构化网格问题中的边界变形量较大的计算工况。当网格变形量超出了边界附近网格大小时，需要合并靠近运动边界的较小尺度网格或是从较大的网格中分裂出新的网格，使网格大小被限定在指定范围之内的一种网格更新方法。由于入水过程中网格变形量较大，因此本书采用该网格更新方法。

动态层法的核心是通过监测网格的尺度变化，并设定最大和最小网格尺度阀值，当网格超出了所定义的阀值范围，就开始执行分离或合并操作生成新的网格，即：

$$h_j < \alpha_c h_{ideal} \tag{2-91}$$

$$h_j > (1+\alpha_s) h_{ideal} \tag{2-92}$$

式中：h_{ideal}——预先设定的理想网格高度；

α_c——层溃灭因子；

α_s——层分裂因子。

网格的合并和分离的具体执行过程如图 2-3 所示，图（*a*）和图（b）分别为网格被压缩和拉伸的过程。当运动边界向上运动时第 j 层网格被压缩，当网格高度 h_j 满足式（2-91）时，第 j 层网格与邻近的第 i 层网格合并成新的网格；当运动边界向下运动时第 j 层网格被拉伸，当网格高度 h_j 满足式（2-92）时，第 j 层网格就被分离出两层新的网格。

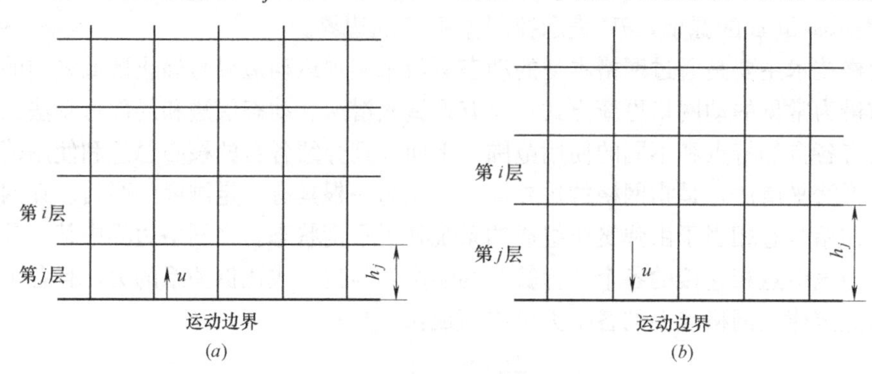

图 2-3　动态层网格更新示意图

（*a*）网格压缩过程；（*b*）网格拉伸过程

局部重划法，主要是针对非结构化网格组成的区域中，当运动边界的运动位移较大而不能利用弹簧平滑方法时所采用的一种网格更新的方法。其基本思想是针对在运动过程中畸变率和尺度变化较大的非结构化网格进行识别和标记，并对标记后的网格进行重新划分。

2.4.3　网格无关性验证

文中主要是针对轴对称几何模型平动与转动进行数值模拟研究，针对具体问题分别采用二维轴对称数学模型和三维数学模型。在数值计算过程中，空间网格密度的选取直接影响计算结果精度甚至影响计算结果的真实性。对于空间流场信息的获取需要足够高的空间分辨率，但分辨率过高会给数值计算效率带来巨大的压力，甚至不可能实现。因此，在满足计算结果客观可信的基础之上网格数量应尽量减少。下面针对二维轴对称模型水平匀减速运动过程开展不同网格密度的数值计算，分析网格密度对水平加速过程数值计算的影响。

计算模型为 60°锥角头形圆柱体，模型直径 D_0=10mm，长度 L_0=100mm，密度 ρ=7850kg/m^3，流域环境压力 p_∞=101325Pa，饱和蒸汽压力 p_c=3510Pa，计算域分布和边界条件设置如图 2-4 所示，计算域直径 D=90D_0，计算域长度 L=100L_0，左侧为速度入口，右侧为压力出口，上侧为无滑移壁面。通过引入边界入口速度时间函数，初始速度 u_0=80m/s，加速度为 a=−500m/s^2。

针对以上计算模型和工况采用四种不同密度的结构化网格进行对比计算，网格总数分别为：*grid*_1=149740，*grid*_2=194750，*grid*_3=254740 和 *grid*_4=304750。计

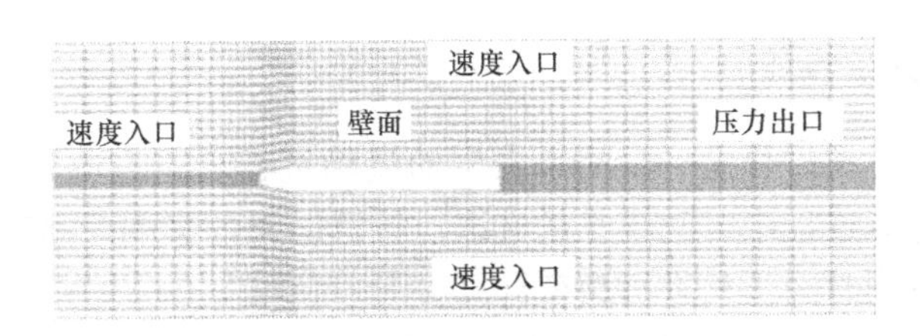

图 2-4　二维轴对称圆柱体计算域分布

算过程中无量纲时间步长取值为 $\overline{\Delta t}=\Delta t/(D_0/u_0)$。以上四种密度网格计算结果的空泡长度和阻力系数随航行体运动时间的变化过程如图 2-5 所示。

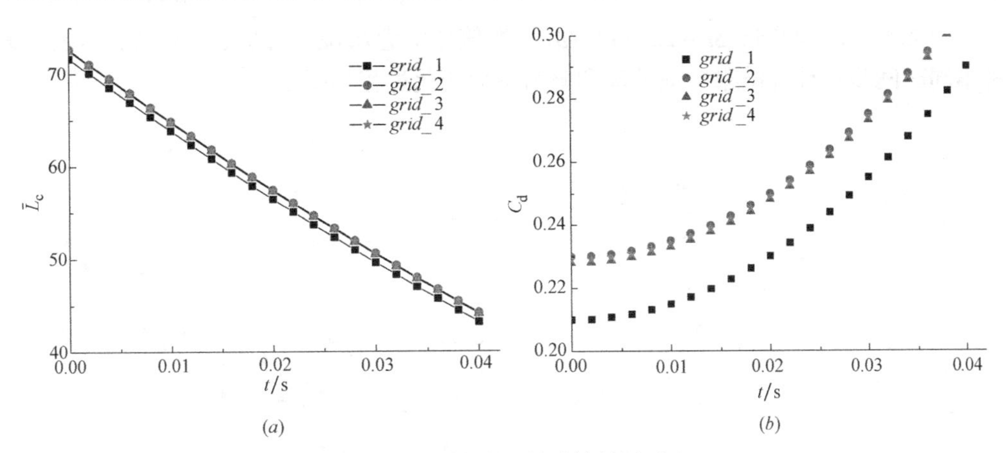

图 2-5　不同密度网格计算结果对比

(a) 空泡长度变化过程；(b) 阻力系数变化过程

从图 2-5 (a) 中可以看出，四种不同密度网格计算结果的航行体减速过程的空泡长度变化规律基本吻合。随航行体速度减小，空泡长度变小。网格密度对空泡长度影响较小，仅在网格密度较低时出现小量差异。图 2-5 (b) 为四种不同密度网格计算结果阻力系数 C_d 的对比结果。C_d 计算表达式如下所示：

$$C_d=\frac{F_D}{\frac{1}{2}\rho u^2 A} \tag{2-93}$$

式中：$F_D=F_D(t)$——运动体入水过程中所受到的阻力；

$u=u(t)$——运动体入水过程中的瞬时速度；

ρ——水的密度；

A——运动体特征面积，取圆柱体截面积。

由图 2-5 中可以看出，四种网格计算所得到的阻力系数 C_d 在变化趋势上具有较好的相似性，仅在网格密度较低时出现小量差异。

通过以上四种网格条件下的航行体减速过程对比分析可得，以上四种网格空间分布方案在空泡数值计算中对流体动力和主要流场参数的预测是独立的，为后续的数值计算提供了空间离散方案的参考，在后续的数值计算过程中将采用中等密度网格（194750）开展进一步的数值计算工作。

2.4.4 时间步长无关性验证

由于航行体变速运动过程是一个瞬态发生的流动过程，空泡流具有较强的非定常性。为了能够排除数值计算过程中时间步长的选取对计算结果的影响，本节在开始大量的数值计算工作之前针对不同时间步长进行数值计算。

计算模型为60°锥角头形圆柱体，模型直径D_0=10mm，长度L_0=100mm，密度ρ=7850kg/m^3，流域环境压力p_∞=101325Pa，饱和蒸汽压力p_c=3510Pa，边界速度入口设定为时间函数，初始速度u_0=80m/s，加速度为a=−500m/s^2。计算域分布和边界条件设置如图 2-4 所示，计算域直径D=90D_0，计算域长度L=100L_0，网格数为194750。计算过程中无量纲时间步长$\Delta\bar{t}=\Delta t/(D_0/u_0)$取值分别为0.08、0.04、0.02和0.01。以上四种不同时间步长计算结果空泡长度和阻力系数变化过程如图 2-6 示。

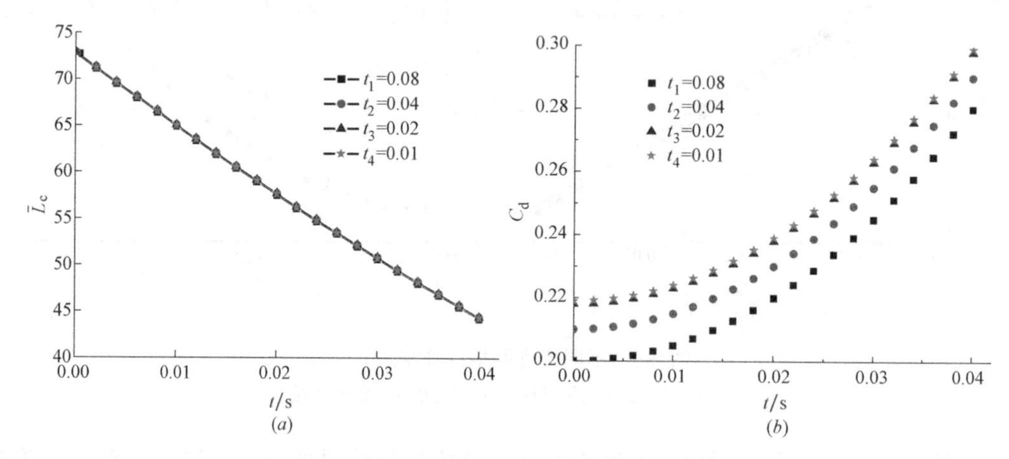

图 2-6 不同时间步长计算结果

(*a*) 空泡长度变化过程；(*b*) 阻力系数变化过程

从图 2-6 (*a*) 可以看出，四种时间步长条件下空泡长度随航行体速度减慢而变小。图中$\Delta\bar{t}_1$=0.08、$\Delta\bar{t}_2$=0.04 时间步长计算结果与其余两种步长计算结果偏差较大。图 2-6 (*b*) 为减速过程阻力系数变化过程，从图中可以看出，随航行体速度减慢，阻力系数变大，$\Delta\bar{t}_1$=0.08、$\Delta\bar{t}_2$=0.04 时间步长计算结果与其余两种步长计算结果偏差较大。从以上四种不同时间步长的对比分析结果可以看出，以上四种非定常时间步长在一定程度上能够满足航行体减速过程和流体动力预测独立性要求，但时间步长越大计算精度越差，在小时间步下计算结果一致性较高，因此后续计算过程中充分借鉴前期所采用的时间步长方案，选取$\Delta\bar{t}_3$=0.02 时间步长。

2.4.5 湍流模型对比分析

为了选取合适的湍流模型，在进行数值研究之前首先对 k-ϵ 模型、k-ω 模型和 SST k-ω DES 模型三种湍流模型进行航行体减速运动对比计算分析。计算模型、流场边界如图 2-4 所示。

三种湍流模型计算结果与试验结果，空泡长度经无量纲化进行对比分析，图 2-7 给出了三种湍流模型计算结果与试验结果对比，可以看出 SST k-ω DES 模型和 k-ω 模型与试验结果得到的空泡长度更近似，k-ε 模型计算结果空泡长度相差较大。SST k-ω DES 模型与 k-ω 模型，在非定常空泡数值模拟中与实际更接近，精度更高。

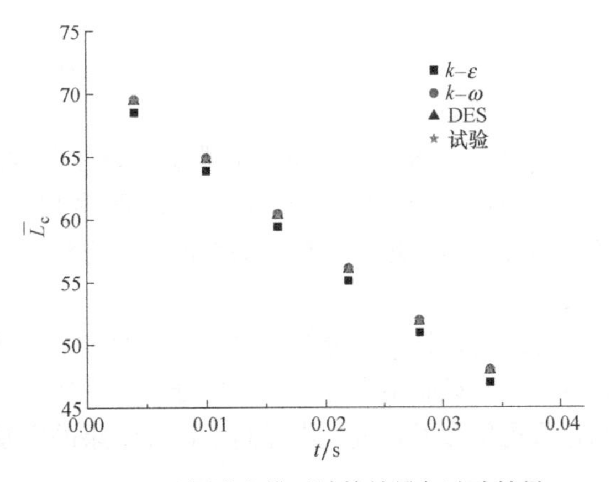

图 2-7　不同湍流模型计算结果与试验结果

图 2-8 给出了相同时刻不同湍流模型计算空泡形态结果，以及压力云图。由图 2-8 空泡形态对比可以看出，三种湍流模型对弹体头部流场影响不大，头部空泡形态相一致；由Ⅱ号区域对三种模型空泡长度进行比较可知，k-ω 模型计算得到空泡长度小于另外两种模型，k-ε 模型和 SST 模型计算得到的空泡长度几乎相等，然而，k-ε 模型计算得到的空泡闭合区域回注射流明显，甚至达到了弹体的尾部；由Ⅲ号区域的比较可以发现，k-ε 模型与 SST 模型计算得到的空泡尾部高压区分布较 k-ε 模型靠后，图 2-8 进一步给出了三种湍流模型下，超空泡闭合区域附近压力系数分布。由图 2-8 中可以看出 k-ε 模型与 SST 模型压力系数曲线吻合较好，k-ω 模型压力系数峰值较其他两种模型靠前，意味着 k-ε 模型空泡长度小于其他两种模型，k-ε 模型计算得到的空泡长度大于另外两种模型空泡长度，k-ω 模型和 SST k-ω DES 模型计算得到的空泡长度几乎相等，然而 SST k-ω DES 模型计算得到的空泡尾部闭合区域回注射流更明显，与试验观测的空泡形态更近似。SST k-ω DES 模型计算得到的尾部流场更细致，空泡尺寸与试验观测的大小更接近，因此认为在数值模拟过程中，SST k-ω DES 模型更适合这种非定常空泡流模拟，结果可信。

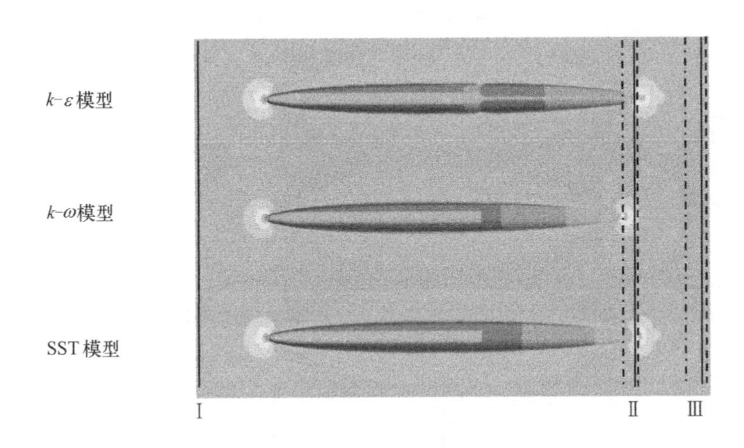

图 2-8　不同湍流模型空泡形态对比

综合前面对比计算分析结果，可以看出对航行体变速运动过程的数值模拟，SST k-ω DES 模型精度更高，k-ω 模型计算精度次之，k-ε 模型计算精度相对较差，因此本书在后续的非定常空泡流数值模拟过程选用采用 SST k-ω DES 湍流模型。

2.5 本章小结

本章基于N-S方程建立了描述航行体非常运动过程的基本数学模型，并引入了基于均质平衡流理论，采用Mixture、VOF多相流动模型、空化模型和湍流模型建立了封闭的控制方程组，选择了相应的数值计算方法、空间和时间离散格式、边界条件及动网格方法等。

通过对比计算，分析了网格和时间步长对计算结果的影响，同时对三种不同湍流模型计算结果与试验结果进行了对比分析，为后续数值模拟中空间与时间的离散以及湍流模型的选取提供参考，进一步提高了计算结果的客观可信度。

第 3 章　超空泡航行体动力学建模

3.1　引　　言

对于控制系统的研究，最重要、最基本的问题就是必须有一个适合控制目标的数学模型，即动力学模型。任何系统的理论分析，均来源于对该系统的正确描述或定量抽象化，因此建立超空泡航行体的动力学模型是开展超空泡航行体控制研究的基础。

超空泡航行体高速运动时，航行体不仅受到作用于空化器上的水动力，还受到空泡内蒸汽的气动作用力以及航行体尾部与空泡间的相互作用力，而且所有的力和力矩的系数（空化器上的水动力除外）都是非定常的，这使得进行超空泡航行体的动力学建模比较困难。关于超空泡航行体的动力学建模研究，国内外已取得一定的研究成果，但仍不成熟。在超空泡航行体的所有受力中，滑行力是一个很特殊的力，它是由航行体尾部与空泡相互作用产生的，很多学者对它的预测表达式进行了研究，在超空泡航行体的动力学建模过程中，滑行力的特性分析是一个关键问题。

本章首先对给选定的超空泡航行体结构进行受力分析，重点分析了航行体尾部所受滑行力的特性，之后基于动量定理和动量矩定理建立了描述超空泡航行体空间运动的非线性动力学模型，为后续章节控制系统的分析、设计和仿真奠定了坚实的基础。

3.2　超空泡航行体结构

超空泡航行体通常由空化器、通气孔、导引设备、控制与推进系统和尾舵组成，其典型结构如图 3-1 所示。

(1) 空化器：空化器的主要功能是诱导产生超空泡，提供航行体的升力，同时也是非常重要的控制执行机构；

(2) 通气孔：通过通气系统控制空泡的尺寸，使空泡覆盖整个航行体以降低阻力；

(3) 导引系统：装有传感器，收发声呐信号；

(4) 控制与推进系统：可采用推进系统对航行体进行推力矢量控制；

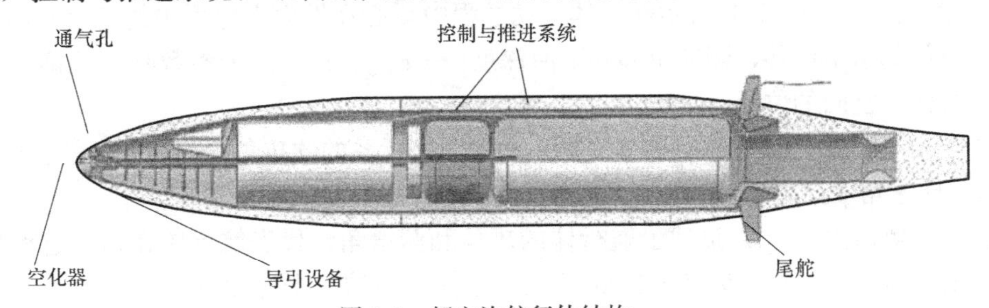

图 3-1　超空泡航行体结构

（5）尾舵：尾舵的部分表面穿过空泡，提供航行体尾部升力、滚转及姿态控制。

3.3 常用坐标系及坐标变换

为了研究航行体的运动，应选用一些坐标系。一般说来，坐标系的选择是任意的，但是，如果坐标系选取得当，会给讨论问题带来方便。常用的坐标系主要有地面坐标系、体坐标系、平移坐标系、速度坐标系和半速度坐标系。

3.3.1 常用坐标系定义

地面坐标系 $O-x_ey_ez_e$，该坐标系各轴与地球固连。地面系的原点取在地球表面某处 O 点位置，Ox_e 轴处于地平面内指向任意方向，Oz_e 轴垂直地面向下，Oy_e 轴与 Ox_e 和 Oz_e 轴构成右手直角坐标系。

体坐标系 $O_1-x_1y_1z_1$，该坐标系原点在航行体重心 O_1。O_1x_1 为航行体的纵轴，指向头部；O_1z_1 在航行体的纵对称面内垂直于 O_1x_1，指向下方；O_1y_1 轴垂直于 $x_1O_1z_1$ 面，$O_1-x_1y_1z_1$ 构成右手直角坐标系。

平移坐标系 $O_1-x'y'z'$，该坐标系随航行体一起运动，其坐标原点始终与体坐标系原点重合，各坐标轴 O_1x'、O_1y'、O_1z' 在航行体运动过程中与地面坐标系对应的坐标轴 Ox_e、Oy_e、Oy_e 保持平行，且指向相同。

速度坐标系 $O_1-x_vy_vz_v$，描述重心速度矢量 V 与航行体之间的相对位置。该坐标系原点在航行体的重心 O_1，O_1x_v 轴沿航行体的速度方向，该轴称为速度轴；一般情况下，矢量 V 不在航行体的对称平面内，O_1y_v 在航行体的纵对称面内垂直于 O_1x_v，指向上方，该轴称为升力轴；O_1z_v 轴垂直于 $x_vO_1y_v$ 面，该轴称为侧力轴；$O_1-x_vy_vz_v$ 构成右手直角坐标系。

半速度坐标系 $O_1-x_hy_hz_h$，半速度坐标系亦称弹道坐标系。该坐标系的原点取为航行体重心 O_1，O_1x_h 轴沿航行体速度方向，O_1y_h 轴位于航行体铅垂面内，垂直于 O_1x_h 轴，并指向上方，O_1z_h 轴位于水平面内，垂直于 $x_hO_1y_h$ 面，$O_1-x_hy_hz_h$ 构成右手直角坐标系。

3.3.2 航行体运动参数的设定

航行体是一个具有六自由度的刚体，即航行体在地面坐标系中的位置和体坐标系与地面坐标系之间的三个姿态角，下面进行相关简介。

位置坐标（$x_e\ y_e\ z_e$）表示航行体运动过程中重心在地面坐标系中的三个坐标，分别表示航行体的水平位移、侧向位移和下潜深度。（$x_e\ y_e\ z_e$）三个参数唯一地确定了任一时刻航行体在空间的位置。

姿态角（$\psi\ \theta\ \phi$）描述航行体体坐标系和地面坐标系的欧拉角，分别表示偏航角 ψ、俯仰角 θ、横滚角 ϕ。

攻角和侧滑角（$\alpha\ \beta$）描述了航行体的攻角和侧滑角，代表航行体在运动过程中相对于水流的方位。定义航行体速度矢量 V 在体坐标系中的三个速度分量为 u、v、w，则有下面的关系式：

$$\alpha=\arctan\left(\frac{w}{u}\right) \tag{3-1}$$

$$\beta=-\arctan\left(\frac{v}{\sqrt{u^2+w^2}}\right) \tag{3-2}$$

3.3.3　坐标系之间的转换关系

讨论航行体运动时，运动学和动力学方程各参数习惯上是在不同坐标系下定义的，同一矢量在两个坐标系各轴上的分量可以通过坐标变换矩阵联系起来。坐标变换矩阵可以用坐标系绕各轴的欧拉角表示。

体坐标系与地面坐标系之间的关系：体坐标系与地面坐标系之间的关系可用三个姿态角，即俯仰角 θ、偏航角 ψ 和横滚角 ϕ 表示。从地面坐标系到体坐标系转换矩阵为：

$$T_{\mathrm{e}}^{1}=\begin{bmatrix}\cos\theta\cos\psi & \cos\psi\sin\theta\sin\phi-\cos\phi\sin\psi & \cos\phi\sin\theta\cos\psi+\sin\phi\sin\psi\\ \cos\theta\sin\psi & \sin\theta\sin\phi\sin\psi+\cos\psi\cos\phi & \cos\phi\sin\theta\sin\psi-\cos\psi\sin\phi\\ -\sin\theta & \sin\phi\sin\theta & \cos\phi\cos\theta\end{bmatrix} \tag{3-3}$$

速度坐标系与体坐标系之间的关系：速度坐标系和体坐标系之间的关系可用攻角 α 和侧滑角 β 表示。从速度坐标系到体坐标系的坐标转换矩阵为：

$$T_{\mathrm{v}}^{1}=\begin{bmatrix}\cos\beta\cos\alpha & \sin\beta\cos\alpha & -\sin\alpha\\ -\sin\beta & \cos\beta & 0\\ \cos\beta\sin\alpha & \sin\beta\sin\alpha & \cos\alpha\end{bmatrix} \tag{3-4}$$

3.4　超空泡航行体运动过程的稳定模式

水下超空泡航行体运动时，失去了水的浮力，只有借助水动力的平衡才能保持物体的稳定性。Y N Savchenko 针对处于不同速度段的超空泡航行体，提出了带空泡航行体运动的 4 种稳定模式，如图 3-2 所示。图中 Y_1 为航行体头部提供的升力，Y_2 为航行体尾部提供的升力，G 为航行体重力。

(1) 双空泡流方案（0～70m/s），如图 3-2 (*a*) 所示，第一个空泡区占航行体的大半部分，使航行体后部有一部分没有空泡，以产生水动力升力 Y_2。然后在水流离开航行体后端又形成另一空泡（第二个空泡），故称为双空泡流方案。此时，水动力中心位于质心之后，满足经典的稳定性条件，为保证航行体作用力及力矩的平衡，须有 $Y_1+Y_2=G$。Y_1、Y_2 的大小，需另外进行计算确定。

(2) 航行体尾部在空泡内壁稳定滑移方案（50～200m/s），如图 3-2 (*b*) 所示，这种超空泡形态，使航行体尾部在空泡内壁滑动，可产生水动力升力 Y_2，连同航行体头部空化器产生的水动力升力 Y_1，使满足 $Y_1+Y_2=G$ 的平衡条件，这是一种超空泡航行体运动的理想模式。

(3) 航行体尾部与空泡边界相互撞击方案（300～900m/s），如图 3-2 (*c*) 所示，当航行体以更高的速度运动时，航行体表面附近均为汽化空泡所占有，则平衡航行体重力的升力 Y_2 的产生，只能通过航行体尾部下落，使航行体运动出现具有攻角和角速度的初始扰动，然后尾部与空泡下边界撞击并弹回，再与空泡上边界撞击再弹回的这种非定常运动形态，仍可获得航行体在动态中力的平衡。图中的双向箭头表示航行体尾部与空泡上下边界之间的周期性碰撞。

(4) 航行体尾部与空泡内气体及射流相互作用方案（大于 1000m/s），如图 3-2 (*d*) 所示，图中的双向箭头也表示航行体尾部的上下周期运动，其运动边界如图中虚线所示。在极高的速度下，空泡内气体的气动力以及接近空泡边界的蒸汽射流作用力对航行体的稳定性起明显的作用。此时，航行体与气体互相作用产生升力 Y_2，使航行体维持平衡。

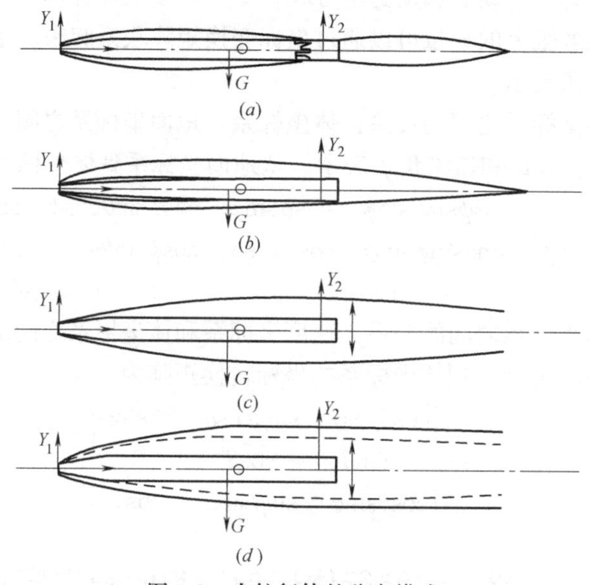

图 3-2 内航行体的稳定模式

目前，超空泡航行体的实际应用及超空泡航行体控制问题的研究，大部分是针对第二种稳定模式。目前，对于有实际工程意义水下高速航行体的研制问题，更关心的是第二个速度段，本书也就这个速度段上的水下超空泡航行体的动力学与控制问题进行研究。

3.5 超空泡形态预测模型

空泡形态预测模型是超空泡航行体动力学方程一个重要组成部分，包裹航行体的超空泡形态会影响航行体的沾湿面积，从而对航行体的流体动力（如航行体尾部与空泡的相互作用力等）产生影响，另外空泡还通过记忆效应耦合于航行体运动过程。因此，空泡形态的预测对于航行体流体动力的确定甚至航行体稳定性控制都是十分重要的。为了在时域条件下分析超空泡航行体的动态特性，计算出作用在航行体上的滑行力和力矩，必须建立合适有效的空泡形态预测模型。

关于空泡形态的预测，可以利用细长体理论、边界元方法以及求解考虑回射流的 N-S 方程等方法。众多学者分别采用理论分析、数值模拟和模型试验方法预测空泡的形态。Wai 通过对具有圆盘形空化器的空泡进行测量，推导出了计算空泡外形的公式。May 列举了基于试验数据的大量空泡形态模型。目前，有两种空泡形态预测模型最为常用，一种是 Munzer-Reichardt 空泡模型，另一种是 Logvinovich 空泡模型。

3.5.1　Munzer-Reichardt 模型

Munzer-Reichardt 模型是早期的基于低阶势流理论的模型，他预测了轴对称空泡形态，假设空泡横截面是圆形的，且空泡是轴对称的，该模型在数学上较为简单，常用来在理论上近似航行体在较小空化数下稳定航行的空泡形态。预测公式为：

$$R_c(\xi)=\frac{D_{max}}{2}[4\xi(1-\xi)]^{\frac{1}{2.4}},\ \xi=\frac{x}{L_{max}} \tag{3-5}$$

其中，$R_c(\xi)$ 是沿着空泡轴线在 ξ 处的空泡半径，L_{max} 为空泡的最大长度，D_{max} 是空泡的最大直径。

空泡的最大长度 L_{max} 和空泡的最大半径 D_{max} 由下式计算：

$$D_{max}=D_n\sqrt{\frac{cl_d(\sigma,0)}{\sigma}}\ ,L_{max}=D_n\sqrt{\frac{cl_d(\sigma,0)}{\sigma^2}\ln\left(\frac{1}{\sigma}\right)} \tag{3-6}$$

其中，cl_d 是空化器的阻力系数，D_n 是空化器直径，σ 是空化数。

虽然 Munzer-Reichardt 模型在数值计算上有着简单直观的优点，但是其并不适用处理超空泡航行体控制问题，尤其是机动控制。下面介绍另一种空泡模型，也是本书采用的模型。

3.5.2　Logvinovich 模型

1. 超空泡形态方程

在 Logvinovich 模型中，其将空泡的截面看作一个圆形。Logvinovich 在势流理论分析和试验的基础上，在文献中给出了超空泡形状的半理论半经验公式，后人的大量试验和数值模拟都验证了该公式的正确性，该文献中的空泡形态计算公式为：

$$R_c=R_k\sqrt{1-\left|1-\frac{t}{t_k}\right|^{\frac{2}{\aleph}}\left(1-\frac{R_1{}^2}{R_k{}^2}\right)} \tag{3-7}$$

$$\dot{R}_c=\frac{R_k{}^2}{R_c t_k}\left(1-\frac{R_1{}^2}{R_k{}^2}\right)\frac{1}{\aleph}\left(1-\frac{t}{t_k}\right)\left|1-\frac{t}{t_k}\right|^{\frac{2(1-\aleph)}{\aleph}} \tag{3-8}$$

其中，假设空化器速度为 V，L_k 为空泡半长，空泡轮廓在 0 时刻半径为 R_1，距头部 x_1，经过 t 时间空泡半径为 R_c，此处空泡半径变化率是 $\dot{R}_c$，从 0 时刻经过 t_k 时间空化器移动到空泡半长，根据椭球形的基本假设，可知此时空泡具有最大半径 R_k，R_n 是空化器半径，$\aleph$ 是修正系数，一般取 $\aleph=0.85$。

空泡最大半径为：

$$R_k=R_n\sqrt{\frac{0.82(1+\sigma)}{\sigma}} \tag{3-9}$$

空泡的半长为：

$$L_k=R_n\left(\frac{1.92}{\sigma}-3\right) \tag{3-10}$$

假设存在无穷域的均质不可压缩流体，没有外力作用下处于平衡状态，其压力为 p_∞。使其中半径为 R_0 的球状部分流体突然消失，形成一个内部压力始终为 p_v 的空泡（$p_\infty > p_v$）。空泡周围的流体会在压力梯度的作用下，向空泡内部运动。对于球对称体，其径向流动是无旋的，速度势和速度为：

$$\Phi=\frac{\dot{R}R^2}{r} \tag{3-11}$$

$$u_r=\dot{R}\frac{R^2}{r^2} \tag{3-12}$$

式中：R——空泡壁面位置；

$\dot{R}$——空泡壁面运动速度；

u_r——距空泡中心径向距离 r 处的流体运动速度。

球坐标系下的流体动量方程为：

$$\frac{\partial u_r}{\partial t}+u_r\frac{\partial u_r}{\partial r}=-\frac{1}{\rho_f}\frac{\partial p}{\partial r} \tag{3-13}$$

将式（3-11）、式（3-12）代入式（3-13）得：

$$\ddot{R}\frac{R^2}{r^2}-2\dot{R}\left(\frac{R}{r^2}-\frac{R^4}{r^5}\right)=-\frac{1}{\rho_f}\frac{\partial p}{\partial t} \tag{3-14}$$

对式（2-4）进行积分可得压力方程：

$$\frac{p-p_\infty}{\rho_f}=\ddot{R}\frac{R^2}{r}+2\dot{R}^2\left(\frac{R}{r}-\frac{R^4}{4r^4}\right) \tag{3-15}$$

在空泡壁面处 $r=R$，其压力为 $p=p_v$。对方程（3-14）进行积分，得空泡壁面运动速度的微分方程为：

$$\rho_f\dot{R}^2R^3=-\frac{2}{3}(p_\infty-p_v)(R^3-R_0{}^3) \tag{3-16}$$

由式（3-16）可得空泡壁面运动位置及速度。由图 3-3 空泡壁面运动位置及速度曲线中可以观察到，空泡溃灭初期壁面运动速度增长相对较慢，后期空泡壁面速度急剧攀升并趋近于无穷大。

图 3-3 空泡壁面运动位置及速度曲线中，τ 为空泡半径收缩至零的时间，常被称为瑞利时间。

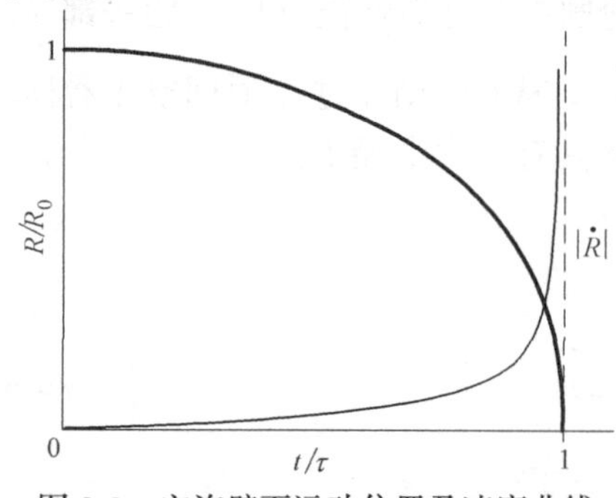

图 3-3　空泡壁面运动位置及速度曲线

$$\tau\approx 0.915R_0\sqrt{\frac{\rho}{p_\infty-p_v}} \tag{3-17}$$

将空泡壁面运动速度表达式（3-16）代入式（3-17），得到压力场的表达式：

$$\frac{p-p_\infty}{p_\infty-p_v}=\frac{R}{3r}\left(\frac{R_0{}^3}{R^3}-4\right)-\frac{R^4}{3r^4}\left(\frac{R_0{}^3}{R^3}-1\right) \tag{3-18}$$

由式（3-18）可得不同时刻压力场的分布情况。由图 3-4 空泡收缩过程的压力场分布变化可以观察到，压力波由无穷远处传来，后期空泡壁面附近的压力趋近于无穷大。虽然这种理想球形自然空泡的溃灭过程仅考虑了惯性力及压力的作用而忽略了其他因素的影响，但该过程展现了空泡溃灭过程流场压力的剧烈变化，并且其他修正后的模型仍然大体体现了图 3-4 空泡收缩过程的压力场分布变化所示的压力场变化情况。

应当注意的是上述计算没有限定理想球形空泡的尺寸，因此这种理想情况所表现的空泡溃灭过程具有较广泛的代表性，即适用于尺寸较小的孤立气泡溃灭，也适用于较大尺寸的空泡。该理论计算模型经过一定修正，能较好地分析电火花或激光获得空泡的溃灭现象。不仅如此，理想球形空泡溃灭模型也能对附着于航行体表面空泡的溃灭过程提供一定指导意义。

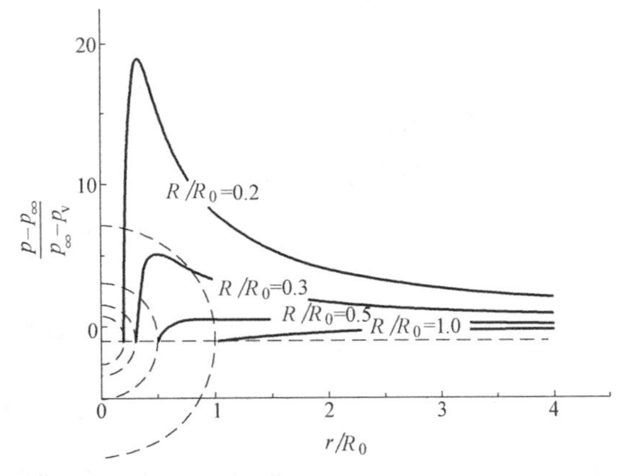

图 3-4　空泡收缩过程的压力场分布变化

上述分析表明，在空泡溃灭末期壁面速度及附近压力趋近于无穷大，表现出明显的奇异性，因此在模拟空泡溃灭的数值计算过程中应采用变时间步长并在空泡溃灭后期采用较小的时间步长以保证良好的收敛性。由于存在来流速度，附着在航行体表面的空泡轮廓大体呈椭球性而非理想球形，并且空泡轮廓内部包括部分航行体，因此其溃灭消失位置必定在航行体表面。在空泡溃灭时空泡壁面周围流体以一定的速度冲击航行体表面，该过程类似水锤效应，会产生较高的局部压力作用于航行体表面。

2. 空泡的记忆效应

根据 Logvinovich 提出的空泡截面独立扩张原理，空泡的每一个截面相对于空化器中心的弹道扩展，其扩张的规律与空化器在这一瞬间之前或随后的运动状态无关，而是由空化器通过该截面平面瞬间时的速度、空泡尺寸、产生的阻力及环境压力与空泡内压力之差所确定，因此不能仅根据当前时刻航行体运动参数来预测超空泡的形态和计算航行体受到流体动力，而应该根据过去各个时刻的运动参数计算，空泡形态不由当前时刻运动参数决定的这种特性就像是空泡有记忆功能一样，称为空泡记忆效应。

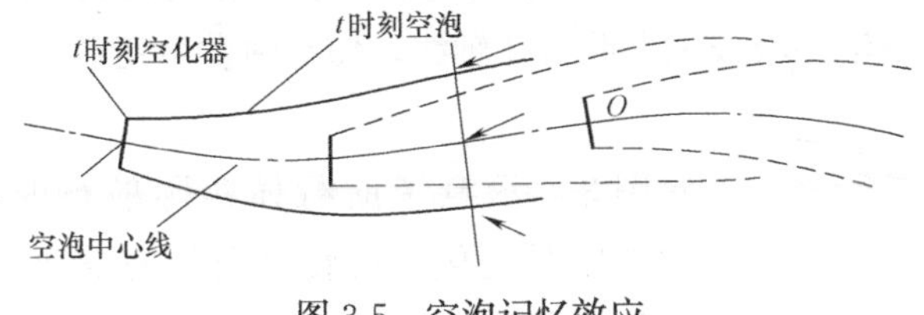

图 3-5　空泡记忆效应

图 3-5 表示的是描述记忆效应的空泡运动轨迹，当前时刻为 t，空化器运动到如图所示位置。空泡的对称轴称为空泡中心线，根据空泡膨胀独立性原理，空泡各个截面是以空泡中心线上的点为圆心按一定规律膨胀的，空间上某一点空泡形状的变化应归于空化器先前通过该点时的记忆效应。因此，为了计算空泡形状，需要存储空化器在每个时间步长的位置。空化器当前时间与先前 $(n-1)$ 个时间步长的位置形成了空泡中心线，n 为空泡的整个长度上点的数量。于是有

$$z_i = z_c[t-(i-1)\Delta_t] \tag{3-19}$$

其中，z_i 是空泡中心线上第 i 个点的坐标，z_c 是空化器头部的坐标，Δ_t 是 i 点与 $i-1$ 点

的时间差。

假设图中的空化器在 $t\text{-}\tau$ 时刻经过图中的空泡截面 o'，空化器中心在 t 时刻经过截面 o，o' 和 o 之间的距离近似为 $V\tau$，时延 τ 可表示为

$$\tau=\frac{L}{V} \tag{3-20}$$

式中：L 为航行体某一截面沿空泡中心线到空化器的距离，V 为空化器航行速度。以上表达式是通过一个两阶近似获得的。

$$\begin{aligned}V_{\mathrm{avg}}&=\frac{1}{2}[V(t)+V(t-\tau)]\\&=\frac{1}{2}[V(t)+V(t)-\dot{V}(t)\tau]\\&=V(t)-\frac{1}{2}\dot{V}(t)\tau\end{aligned} \tag{3-21}$$

由于 $[t-\tau,\ t]$ 内的平均速度 V_{avg} 乘以 τ 得到空泡覆盖的距离 L，故上式可以写成

$$L=\left[V(t)-\frac{1}{2}\dot{V}(t)\tau\right]\tau \tag{3-22}$$

即

$$-\frac{1}{2}\dot{V}(t)\tau^2+V(t)\tau-L=0 \tag{3-23}$$

对 τ 求解上述一元二次方程，有

$$\tau=\frac{-V\pm\sqrt{V^2-4\left(-\frac{1}{2}\dot{V}\right)(-L)}}{-\dot{V}}=\frac{V\pm\sqrt{V^2-2\dot{V}L}}{\dot{V}} \tag{3-24}$$

认为在 $[t-\tau,\ t]$ 时间内速度变化很小，则 $\dot{V}$ 的极限趋于零，根据洛必达法则有

$$\lim_{\dot{V}\to 0}\tau=\frac{L}{V} \tag{3-25}$$

3. 空泡的非轴对称修正

上面推导给出的空泡模型是基于轴对称假设给出的，航行体实际航行时，重力作用、空泡自身浮力及空化器偏转等都会引起空泡中心线偏离航行体轴线，使空泡发生变形，导致轴对称性被破坏，如图 3-6 所示：

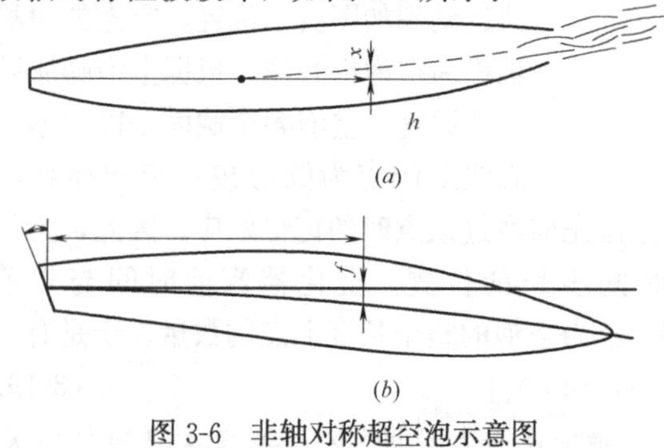

图 3-6　非轴对称超空泡示意图

图 3-4 示意了航行体实际航行时，重力作用及空化器偏转等引起的空泡中心线偏离航行体轴线，使空泡发生变形的情况。

图 3-4 表示航行体速度较低、弗洛德数很小的情况下，重力引起的空泡轴线上漂，该偏移量可用如下近似公式计算：

$$h_g(x)=\frac{g}{\pi V^2}\int_0^x \frac{O_k}{R_c^{\ 2}(x)}\mathrm{d}x \tag{3-26}$$

其中，O_k 表示沿空泡轴线从 $0\to x$ 段的空泡体积。

Savchenko 在文献中给出了进一步的表达式，

$$h_g(x)=\frac{(1+\sigma)x^2}{3Fr^{\ 2}},\ Fr=\frac{V}{\sqrt{gL_{max}}},\ 0.05\leqslant\sigma\leqslant0.1,\ 2.0\leqslant Fr\leqslant3.5 \tag{3-27}$$

其中，Fr 是以空泡长度为特征长度时的弗洛德数。

上面的表达式仅限于低速航行条件，而在航行体速度较高时，若满足 $\sigma\sqrt{\sigma}Fr^{\ 2}>4$，重力引起的空泡轴线上漂可以忽略不计。

超空泡航行体的空化器相当于一个雷顶舵，其舵角可以提供一定的升力，也引起了空泡轴线的偏移，表示了这种空化器偏转引起的空泡轴变形。由空化器攻角引起的空泡轴变形可以用下面的近似公式计算：

$$h_f(x)=-\frac{8F_y}{\rho\pi V^2R_n^{\ 2}}R_n\left(0.46-\sigma+\frac{2x}{L_k}\right) \tag{3-28}$$

其中，F_y 等于空化器升力大小。

本书中航行体速度设定较高，可忽略重力对空泡形态的影响，可以计算出空泡中心线的最终偏移量为：

$$h_c(x)=h_f(x)+x\sin\alpha \tag{3-29}$$

式中：$x\sin\alpha$ 表示在距空化器 x 处航行体中心线的位置。

3.6　超空泡航行体流体动力分析

为了便于分析和对比，本章以俄罗斯“暴风”超空泡鱼雷模型为原型，参考美国海军研究所（ONR）设计的超空泡航行体结构及参数设定设计了如图 3-7 所示的简化模型。该模型前部三分之一为圆锥体，后部三分之二为圆柱体，空化器采用圆盘形空化器。其余主要参数为：空化器半径 $R_n=0.0191\text{m}$，航行体半径 $R=0.0508\text{m}$，航行体长度 1.8m，尾舵采用十字形布局，置于航行体尾端。

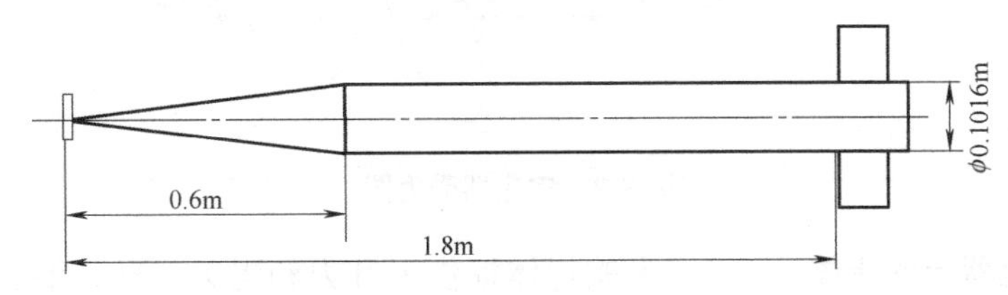

图 3-7　超空泡航行体结构简图

为了建立超空泡航行体的动力学模型，分析超空泡航行体的运动规律，以设计合适的控制系统，必须首先明确作用在超空泡航行体上的力和力矩。

对于超空泡航行体而言，其受力与常规的水下航行体是有显著区别的，超空泡航行体除头部空化器与水接触外，只有尾舵舵面及部分尾部与水接触，沾湿面积的减少使航行体丧失了大部分浮力，并且超空泡航行体流体动力受空泡形态的约束，航行体与空泡之间存在强烈的非线性作用。具体受力分为作用在空化器上的流体动力 F_c、作用在尾舵上的流体动力 F_f、航行体尾部受到的滑行力 F_p、重力 G 和推力 F_T，具体如图 3-8 所示。

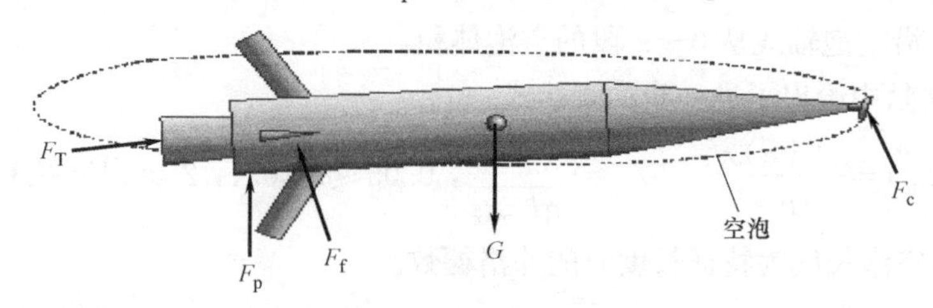

图 3-8 超空泡航行体受力分析

3.6.1 空化器受力

空化器对于超空泡航行体来说是一个不可或缺的组成部分，空化器不仅用于诱导超空泡的生成，而且可以通过绕自身轴转动改变攻角为航行体提供足够的升力。本章主要针对单自由度空化器进行分析。

空化器可以在纵平面内绕着平行于 O_1y_1 轴的固定轴转动。空化器的偏转角用 δ_c 表示，当绕着平行于 O_1y_1 轴的固定轴转动时，空化器偏转角 δ_c 的正负依据右手定则确定，当空化器绕着 O_1y_1 轴正向逆时针旋转时定义为正。O_c-$x_cy_cz_c$ 为空化器坐标系，坐标系原点在空化器的几何中心，O_cx_c 轴沿着空泡轴线方向垂直于空化器平面，O_cz_c 轴在航行体的纵平面内垂直于 O_cx_c 轴，O_cy_c 轴由右手定则确定。由于空化器的几何尺寸与航行体的几何尺寸相比相差很大，因此可以认为空化器的几何中心与转动中心是重合的。空化器的受力如图 3-9 所示。$T_1{}^c$ 为航行体体坐标系到空化器坐标系的转换矩阵。按照前面的坐标系转换方法，很容易得到空化器到航行体体坐标系的转移矩阵 $T_1{}^c$ 为：

$$\begin{bmatrix} x_c \\ y_c \\ z_c \end{bmatrix} = T_1{}^c \begin{bmatrix} x_1 \\ y_1 \\ z_1 \end{bmatrix} = \begin{bmatrix} \cos\delta_c & 0 & -\sin\delta_c \\ 0 & 1 & 0 \\ \sin\delta_c & 0 & \cos\delta_c \end{bmatrix} \begin{bmatrix} x_1 \\ y_1 \\ z_1 \end{bmatrix} \tag{3-30}$$

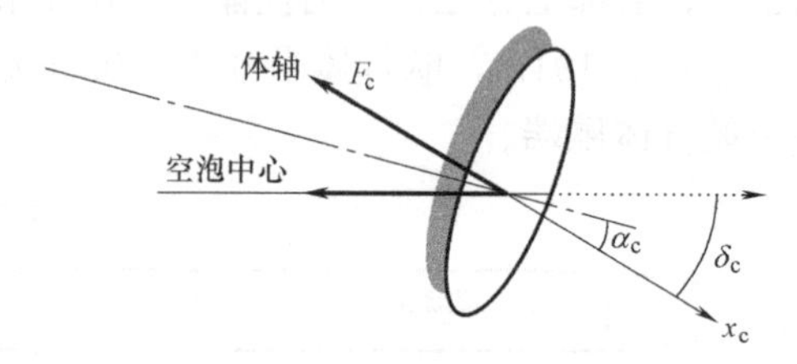

图 3-9 空化器受力图

作用在空化器上的流体动力 F_c 为航行体提供了升力和阻力，升力沿着升力轴方向，阻力沿着速度轴反方向。升力系数 cl_l 和阻力系数 cl_d 为攻角的函数。作用在圆盘形空化器上的准定常水动力系数有如下计算公式：

$$cl_l = 0.82(1+\sigma)\cos\alpha_c\sin\alpha_c \tag{3-31}$$

$$cl_d = 0.82(1+\sigma)\cos^2\alpha_c \tag{3-32}$$

其中，σ 为空化数，α_c 为空化器攻角。

作用在空化器上的升力 F_l 和阻力 F_d 的表达式为：

$$F_l=\frac{1}{2}\rho V_c{}^2 S_c c l_l=\frac{0.82}{2}\rho V_c{}^2 S_c(1+\sigma)\cos\alpha_c\sin\alpha_c \tag{3-33}$$

$$F_d=\frac{1}{2}\rho V_c{}^2 S_c c l_d=\frac{0.82}{2}\rho V_c{}^2 S_c(1+\sigma)\cos^2\alpha_c \tag{3-34}$$

其中，ρ 为航行体所在流体密度，V_c 为空化器速度，可认为与航行体重心的速度 V 相等，S_c 为圆盘空化器截面积，α_c 为航行体空化器的攻角。

上面得到的是速度坐标系下空化器的受力，利用转换矩阵可以得到空化器在超空泡航行体体坐标系下的受力为：

$$\begin{aligned}F_{c,x1}&=-(\cos\delta_c\cos\alpha_c\cos\beta_c+\sin\delta_c\sin\alpha_c\cos\beta_c)F_d\\&\quad+(\sin\delta_c\cos\alpha_c\cos\beta_c-\cos\delta_c\sin\alpha_c\cos\beta_c)F_l\\&=-\frac{0.82}{2}\rho V_c{}^2 S_c(1+\sigma)\cos\alpha_c\cos\beta_c\cos\delta_c\end{aligned} \tag{3-35}$$

$$\begin{aligned}F_{c,y1}&=-(\cos\delta_c\cos\alpha_c\sin\beta_c+\sin\delta_c\sin\alpha_c\sin\beta_c)F_d\\&\quad+(\sin\delta_c\cos\alpha_c\sin\beta_c-\cos\delta_c\sin\alpha_c\sin\beta_c)F_l\\&=-\frac{0.82}{2}\rho V_c{}^2 S_c(1+\sigma)\cos\alpha_c\sin\beta_c\cos\delta_c\end{aligned} \tag{3-36}$$

$$\begin{aligned}F_{c,z1}&=(\cos\delta_c\sin\alpha_c-\sin\delta_c\cos\alpha_c)F_d\\&\quad-(\sin\delta_c\sin\alpha_c+\cos\delta_c\cos\alpha_c)F_l\\&=-\frac{0.82}{2}\rho V_c{}^2 S_c(1+\sigma)\cos\alpha_c\sin\delta_c\end{aligned} \tag{3-37}$$

其中，$F_{c,x1}$、$F_{c,y1}$、$F_{c,z1}$ 分别是空化器受力在体坐标系下的三个分量。

空化器受力是作用在空化器压力中心的，假设空化器没有偏角时，此时压力中心在体坐标系下坐标为(x_{cg}，0，0)，当空化器有转角时，其坐标也会有小量变化，由于该小量与航行体长度相比是可以忽略的，因此可以得到空化器上的作用力相对于航行体重心的转动力矩：

$$M_{c,x1}=0 \tag{3-38}$$

$$M_{c,y1}=-x_{cg}F_{c,z1}=\frac{0.82}{2}x_{cg}\rho V_c{}^2 S_c(1+\sigma)\cos\alpha_c\cos\delta_c \tag{3-39}$$

$$M_{c,z1}=x_{cg}F_{c,y1}=-\frac{0.82}{2}x_{cg}\rho V_c{}^2 S_c(1+\sigma)\cos\alpha_c\sin\beta_c\cos\delta_c \tag{3-40}$$

其中，$M_{c,x1}$、$M_{c,y1}$、$M_{c,z1}$ 是空化器相对于重心的力矩在体坐标系下的三个分量。

3.6.2　重力

本章简化处理，忽略由于发动机燃料的消耗而导致的航行体质量改变，重力的方向沿着地面坐标系的 Oz_e 轴，其表达式在体坐标系下的表达式是：

$$F_{g,x1}=-mg\sin\theta \tag{3-41}$$

$$F_{g,y1}=mg\sin\phi\cos\theta \tag{3-42}$$

$$F_{g,z1}=mg\cos\phi\cos\theta \tag{3-43}$$

其中，$F_{g,x1}$、$F_{g,y1}$、$F_{g,z1}$ 分别是重力在体坐标系下的三个分量。

因为超空泡航行体重力作用线通过重心，因此在以重心为原点的体坐标系中，重力不产生力矩。

3.6.3 推力

超空泡航行体的推力 F_T 沿着航行体轴线方向，因此在体坐标系中有：

$$F_{T,x1}=0 \tag{3-44}$$

$$F_{T,y1}=F_{T,z1}=0 \tag{3-45}$$

3.6.4 尾舵受力

尾舵对于超空泡航行体来说是一个很重要的部分，除了提供部分升力外，尾舵通过偏转与空化器联合进行姿态控制。本章主要针对单自由度十字形布局尾舵进行研究。

超空泡航行体有 4 个舵面，采用十字形布局，相邻两个尾舵之间夹角为 90°，在垂直面内的两个尾舵称为方向舵，水平面内的两个尾舵称为升降舵。在航行体航行过程中，超空泡与航行体的相对位置是动态变化的，航行体上配置的四个尾舵部分沾湿或全部沾湿，由于沾湿区域也是动态变化的，导致尾舵所受的力和力矩是非定常的。另外作用在尾舵上的力也受记忆效应影响具有时滞特征，其依赖于空化器的当前状态信息和过去时刻的状态信息。

关于作用在尾舵上的力和力矩的计算式：

$$F_{\mathrm{fin},i}=\frac{1}{2}\rho V^2 r_s{}^2 C_{F,i}(\alpha_{\mathrm{fin},i},I_{\mathrm{fin},i},\delta_{\mathrm{fin},i}),\ i=1,2,3,4 \tag{3-46}$$

$$M_{\mathrm{fin},i}=\frac{1}{2}\rho V^2 r_s{}^3 C_{M,i}(\alpha_{\mathrm{fin},i},I_{\mathrm{fin},i},\delta_{\mathrm{fin},i}),\ i=1,2,3,4 \tag{3-47}$$

其中，$F_{\mathrm{fin},i}$ 和 $M_{\mathrm{fin},i}$ 为尾舵上受的力和力矩，$C_{F,i}$ 和 $C_{M,i}$ 表示尾舵所受力和力矩的准定常水动力系数，可以利用鱼雷流体力学或 CFD 计算得到，$\alpha_{\mathrm{fin},i}$ 表示尾舵攻角，$\delta_{\mathrm{fin},i}$ 表示尾舵偏转角，$I_i(t,\tau)$ 为沾湿率，表示尾舵部分沾湿时，沾湿长度 r_0 与尾舵真实长度 r_s 之比，即 $I_i(t,\tau)=r_0/r_s$，如图 3-10 所示。

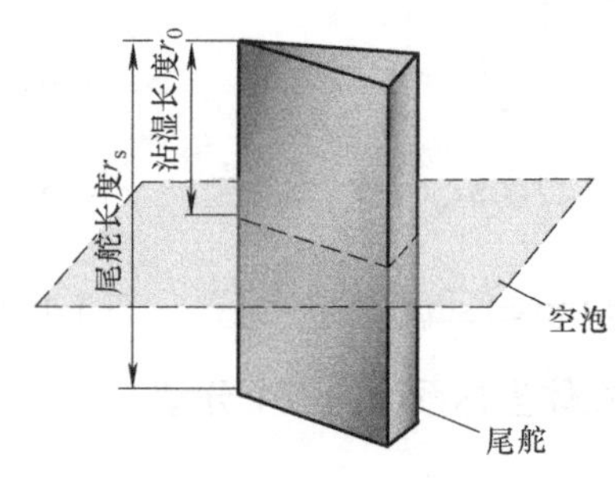

图 3-10 尾舵沾湿率示意图

空泡中心线与航行体尾部的相对位置关系如图 3-11（a）所示。其中 O' 表示图中截面的航行体中心，R_c 为该截面的空泡半径，y_c、z_c 分别表示该截面空泡中心线相对于航行体中心的坐标。图 3-11（b）示意了部分沾湿的尾舵与空泡的位置关系。

利用几何关系，很容易得到下面的关于尾舵沾湿率的计算公式：

$$I_{\mathrm{i}}(t,\tau)=\begin{cases}\left[(r_s+r_{\mathrm{piv}})-(y_c\cos\phi_i+z_c\sin\phi_i)-\sqrt{R_c{}^2-(y_c\sin\phi_i+z_c\cos\phi_i)^2}\right]/r_s \quad if \\ 0\leqslant I_i(t,\tau)\leqslant 1 \\ 0 \quad if \quad I_i(t,\tau)\leqslant 0 \\ 1 \quad if \quad I_i(t,\tau)\geqslant 1\end{cases} \tag{3-48}$$

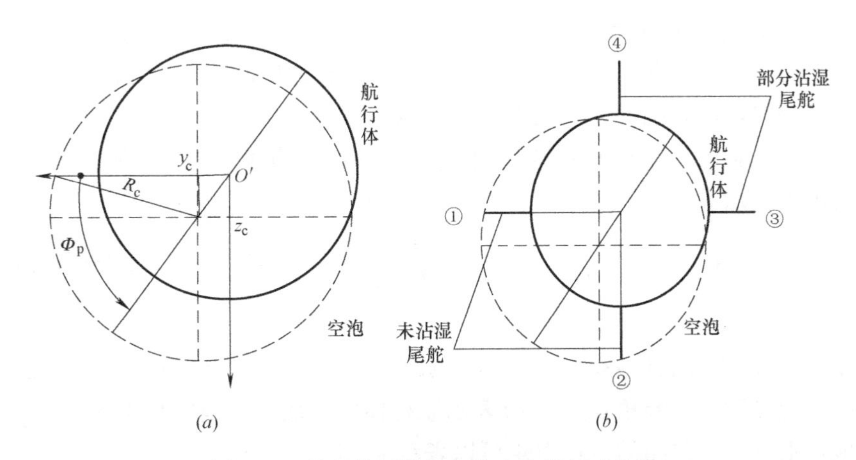

图 3-11　航行体尾舵与空泡中心线相对位置

其中，起始编号尾舵对应 $\phi_1=0$，其余的尾舵对应 $\phi_i=\frac{\pi}{2}(i-1)$，$i=1$，2，3，4，$r_s$ 表示航行体尾舵真实长度，r_{piv} 表示尾舵支点距航行体中心偏移。

从上面的公式及符号定义很容易得出，由于空泡中心线是由空化器运动历程决定的，所以沾湿率也是关于空化器运动历程的函数，依赖于空化器当前和过去时刻的状态信息，带有明显的时滞特征。

利用坐标系转换，可得作用在尾舵上的力在体坐标系下的表达式为：

$$F_{\text{fin},i}^{x1}=-F_{\text{fin},i}^{fx}\cos\delta_{\text{fin},i}+F_{\text{fin},i}^{fy}\sin\delta_{\text{fin},i} \tag{3-49}$$

$$F_{\text{fin},i}^{y1}=\cos\phi_i F_{\text{fin},i}^{fy}+\sin\phi_i(-F_{\text{fin},i}^{fx}\sin\delta_{\text{fin},i}+F_{\text{fin},i}^{fy}\cos\delta_{\text{fin},i}) \tag{3-50}$$

$$F_{\text{fin},i}^{z1}=-\sin\phi_i F_{\text{fin},i}^{fy}+\cos\phi_i(-F_{\text{fin},i}^{fx}\sin\delta_{\text{fin},i}+F_{\text{fin},i}^{fy}\cos\delta_{\text{fin},i}) \tag{3-51}$$

其中，$F_{\text{fin},i}^{x1}$、$F_{\text{fin},i}^{y1}$、$F_{\text{fin},i}^{z1}$ 表示作用在尾舵上的力在体坐标系的分量，$F_{\text{fin},i}^{fx}$、$F_{\text{fin},i}^{fy}$、$F_{\text{fin},i}^{fz}$ 表示作用在尾舵上的力在尾舵坐标系的分量，具体定义和转换类似于空化器坐标系。

作用在尾舵上的力相对于重心的力矩有下面的表达式：

$$M_{\text{fin},i}^{x1}=-M_{\text{fin},i}^{fx}\cos\delta_{\text{fin},i}+M_{\text{fin},i}^{fz}\sin\delta_{\text{fin},i} \tag{3-52}$$

$$M_{\text{fin},i}^{y1}=\cos\phi_i M_{\text{fin},i}^{fy}+\sin\phi_i(-M_{\text{fin},i}^{fx}\sin\delta_{\text{fin},i}+M_{\text{fin},i}^{fy}\cos\delta_{\text{fin},i}) \tag{3-53}$$

$$M_{\text{fin},i}^{z1}=-\sin\phi_i M_{\text{fin},i}^{fy}+\cos\phi_i(-M_{\text{fin},i}^{fx}\sin\delta_{\text{fin},i}+M_{\text{fin},i}^{fy}\cos\delta_{\text{fin},i}) \tag{3-54}$$

其中，$M_{\text{fin},i}^{x1}$、$M_{\text{fin},i}^{y1}$、$M_{\text{fin},i}^{z1}$ 表示作用在尾舵上的力相对于重心的力矩在体坐标系的分量，$M_{\text{fin},i}^{fx}$、$M_{\text{fin},i}^{fy}$、$M_{\text{fin},i}^{fz}$ 表示作用在尾舵上的力相对于重心的力矩在尾舵坐标系的分量，具体定义和转换类似于空化器坐标系。

3.6.5　滑行力

超空泡航行体所受的各种流体作用力中，滑行力是最复杂的一种。当超空泡航行体航行速度、俯仰角度、转弯速率等航行状态改变时，航行体尾部会穿透空泡壁与流体及空泡壁相互作用而形成滑行力。滑行力因空泡的复杂性而呈现出非线性、受力曲线斜率不连续等特征。滑行力关系到航行体整体运动特性和动力学特性，它的准确建模对控制策略的研究是极其重要的。

关于滑行力和力矩的计算，Hassan 提出了相关的理论。该理论基于 Wagner 对滑行力的论述及 Logvinovich 进一步的完善，提出了对流体粘性的修正，然后对以下两种代表性情况进行了研究：(1) 圆柱在平面上滑行；(2) 圆柱在曲面上滑行。

依据 Hassan 理论，将空泡的滑行近似为一个圆柱形自由流表面，则垂直于航行体纵轴的滑行力可以表示为：

$$F_{\mathrm{p}}(t,\tau)=\rho V^{2}(\pi R^{2})\left[1-\left(\frac{\varepsilon}{h(t,\tau)+\varepsilon}\right)^{2}\right]\left(\frac{R+h(t,\tau)}{R+2h(t,\tau)}\right)\sin[\alpha_{\mathrm{p}}(t,\tau)]\cos[\alpha_{\mathrm{p}}(t,\tau)] \tag{3-55}$$

其中，$\varepsilon=R_{\mathrm{c}}-R$，$R$ 为航行体的半径，R_{c} 为空泡半径，$h(t,\tau)$为垂直于空泡中心线方向的航行体浸湿深度，沾湿角 $\alpha_{\mathrm{p}}(t,\tau)$表示航行体中心线与空泡中心线的夹角。

类似地，垂直于浸湿面的滑行力矩可以表示为：

$$M_{\mathrm{p}}(t,\tau)=\rho V^{2}(\pi R^{2})\cos^{2}[\alpha_{\mathrm{p}}(t,\tau)]\frac{R+h(t,\tau)}{R+2h(t,\tau)}\frac{h^{2}(t,\tau)}{h(t,\tau)+\varepsilon} \tag{3-56}$$

滑行力的沾湿深度是一个不连续函数，根据图 3-9 可以推导得出下面的表达式：

$$h(t,\tau)=\begin{cases}\left|\sqrt{y_{\mathrm{c}}^{2}+z_{\mathrm{c}}^{2}}+R-R_{\mathrm{c}}\right| & if\quad \sqrt{y_{\mathrm{c}}^{2}+z_{\mathrm{c}}^{2}}+R\geqslant R_{\mathrm{c}}\\ 0 & if\quad \sqrt{y_{\mathrm{c}}^{2}+z_{\mathrm{c}}^{2}}+R<R_{\mathrm{c}}\end{cases} \tag{3-57}$$

沾湿角 $\alpha_{\mathrm{p}}(t,\tau)$计算公式可表达为：

$$\alpha_{\mathrm{p}}(t,\tau)=\tan^{-1}\left\{\frac{[\dot{X}_{\mathrm{n,e}}(t-\tau)-\dot{X}_{\mathrm{t,e}}(t)]\cdot[T_{1}^{\mathrm{e}}(0,-\cos(\phi_{\mathrm{p}}),-\sin(\phi_{\mathrm{p}}))^{\mathrm{T}}]+\dot{R}_{\mathrm{c}}}{u(t)}\right\} \tag{3-58}$$

其中，$\dot{X}_{\mathrm{n,e}}(t-\tau)$表示空化器过去历程的状态位置信息，$\dot{X}_{\mathrm{t,e}}(t)$表示航行体尾部浸湿处当前状态位置信息，$\dot{R}_{\mathrm{c}}$ 为航行体浸湿处空泡收缩率。

同时，由于航行体尾部穿透空泡壁与流体接触，从而会产生粘性阻力及其力矩，可以表示为：

$$F_{\mathrm{f}}=\frac{1}{2}\rho\nu^{2}\cos^{2}\alpha_{\mathrm{p}}S_{\mathrm{w}}C_{\mathrm{d}} \tag{3-59}$$

其中，C_{d} 为粘性阻力系数，$u_{\mathrm{c}}=\sqrt{\dfrac{h}{\varepsilon}}$，$u_{\mathrm{s}}=\dfrac{1}{2R_{\mathrm{c}}\sqrt{\varepsilon h}}$

$$S_{\mathrm{w}}=4R_{\mathrm{c}}\frac{\varepsilon}{\tan\alpha_{\mathrm{p}}}[(1+u_{\mathrm{c}}^{2})A\tan(u_{\mathrm{c}})-u_{\mathrm{c}}]+\frac{R_{\mathrm{c}}^{3}}{2\varepsilon\tan\alpha_{\mathrm{p}}}\left[(u_{\mathrm{s}}^{2}-0.5)A\sin(u_{\mathrm{s}})+0.5u_{\mathrm{s}}\sqrt{(1-u_{\mathrm{s}}^{2})}\right]$$

3.7 动力学方程及运动学方程的建立

3.7.1 动力学方程的建立

在推导动力学方程之前先制定如下基本假设：

(1) 航行体为刚体，密度均匀；

(2) 忽略发动机燃料消耗，视航行体质量为恒量；

(3) 航行体所受流体动力满足线性假设；

(4) 近似认为地面坐标系为惯性坐标系，将地球视为平面且静止的。

依据上述假设，航行体运动的状态变量及受力情况如图 3-12 所示。

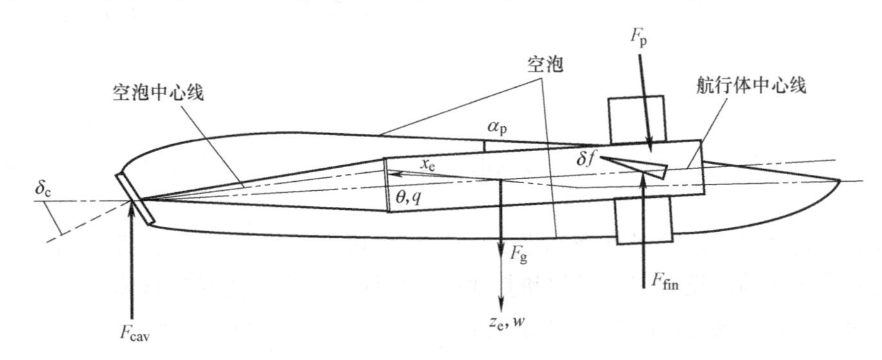

图 3-12　超空泡航行体变量示意图

根据对航行体结构的设定，定义航行体长度为 L、半径 R、密度 ρ_b，故可以得到航行体质量 m、绕 o_1y_1 轴的转动惯量 J_y、空化器在体坐标系中的位置 x_{cg} 分别为：

$$m=\frac{7}{9}\rho_b\pi R^2L \tag{3-60}$$

$$J_y=\frac{11}{60}R^4L\pi\rho_b+\frac{1891}{45360}R^2L^3\pi\rho_b \tag{3-61}$$

$$x_{cg}=-\frac{17}{28}L \tag{3-62}$$

航行体巡航过程中推力和阻力保持平衡，速度 V 的大小保持不变，于是可以得到下面的二维纵向动力学方程：

$$m(\dot{w}-Vq)=F_{c,z1}+F_{fin1,z1}+F_{fin3,z1}+F_{g,z1}+F_{plane,z1} \tag{3-63}$$

$$J_y\dot{q}=-F_{c,z1}L_c+(F_{fin1,z1}+F_{fin3,z1})L_f+F_{plane,z1}L_f \tag{3-64}$$

其中，$L_c=\frac{17}{28}L$，$L_f=\frac{11}{28}L$。

考虑到两个水平尾舵作用相同，而且在操舵时偏转角度也相同，故可将两者视为一个控制面，同时为了引用方便，在不影响理解的情况下，将式 (3-63)、式 (3-64) 简记为：

$$m(\dot{w}-Vq)=F_c+F_{fin}+F_g+F_p \tag{3-65}$$

$$J_y\dot{q}=-F_cL_c+F_{fin}L_f+F_pL_f \tag{3-66}$$

考虑到航行体航行时的小角度，对三角函数进行简化，即 $\sin\Delta=\Delta$、$\cos\Delta=1$。同时在航行体高速航行时，可将尾舵视为特殊的楔形空化器进行近似处理，于是进一步得出空化器和尾舵升力的表达式为：

$$F_c=-\frac{0.82}{2}\rho\pi R_n^2V^2(1+\sigma)\left(\frac{w}{V}-\frac{L_cq}{V}+\delta_c\right) \tag{3-67}$$

$$F_{fin}=-\frac{0.82}{2}I(t,\tau)n\rho\pi R_n^2V^2(1+\sigma)\left(\frac{w}{V}+\frac{L_fq}{V}+\delta_f\right) \tag{3-68}$$

其中，n 表示尾舵提供的升力相对于圆盘形空化器的相似率；δ_f 表示纵向运动中的等效尾舵偏转角；$I(t, \tau)$表示尾舵沾湿率。

在采用 Logvinovich 空泡模型并考虑记忆效应时，尾舵沾湿率计算公式可简化为：

$$I(t,\tau)=\begin{cases}\dfrac{r_s+R-\sqrt{R_c^2-[z_n(t-\tau)-z(t)-L_f\theta+h_c]^2}}{r_s} & 0\leqslant I(t,\tau)\leqslant 1\\ 0 & I(t,\tau)\leqslant 0\\ 1 & I(t,\tau)\geqslant 1\end{cases} \tag{3-69}$$

其中，$z_n(t-\tau)$ 表示空化器在 $t-\tau$ 时刻的位置，$z_n(t)=z(t)-L_c\theta(t)$；z 表示重心在 t 时刻的位置。

经过上述处理之后，除了重力和滑行力的相关项外，式（3-63)、式（3-64）描述的动力学模型是线性的，没有三角函数和其他的非线性项。滑行力是航行体所受所有作用力中最复杂的，具有极强的非线性，利用公式（3-47)～(3-50）可近似为：

$$F_p(t,\tau)=-\rho\pi R^2V^2\left[1-\left(\frac{R'}{h'+R'}\right)^2\right]\left(\frac{1+h'}{1+2h'}\right)\alpha_p \tag{3-70}$$

$$h'=\begin{cases}\dfrac{1}{R}[z_n(t-\tau)-R_c-z(t)-\theta(t)L_f+R-h_c]\\ if\quad z(t)+\theta(t)L_f-R+h_c<z_n(t-\tau)-R_c\quad (top\ contact)\\ 0\qquad\qquad (no\ contact)\\ \dfrac{1}{R}[z(t)+\theta(t)L_f+R+h_c-z_n(t-\tau)-R_c]\\ if\quad z(t)+\theta(t)L_f+R+h_c>z_n(t-\tau)+R_c\quad (bottom\ contact)\end{cases} \tag{3-71}$$

$$\alpha_p=\begin{cases}\theta(t)-\theta(t-\tau)+\dfrac{w(t-\tau)-L_cq(t-\tau)+\dot{h}_\alpha+\dot{R}_c^t}{V} & (top\ contact)\\ 0 & (no\ contact)\\ \theta(t)-\theta(t-\tau)+\dfrac{w(t-\tau)-L_cq(t-\tau)+\dot{h}_\alpha-\dot{R}_c^t}{V} & (bottom\ contact)\end{cases} \tag{3-72}$$

考虑纵向的两个运动方程，

$$\dot{\theta}=q \tag{3-73}$$

$$\dot{z}=w-V\theta \tag{3-74}$$

联立式（3-12)～(3-15)，可以得到关于纵平面内状态向量 z、θ、w、q 的状态方程：

$$\begin{bmatrix}\dot{z}\\ \dot{w}\\ \dot{\theta}\\ \dot{q}\end{bmatrix}=A\begin{bmatrix}z\\ w\\ \theta\\ q\end{bmatrix}+B\begin{bmatrix}\delta_f\\ \delta_c\end{bmatrix}+C+DF_p(t,\tau) \tag{3-75}$$

系统矩阵的具体形式为：

$$A=\begin{bmatrix}0 & -V & 1 & 0\\ 0 & 0 & 0 & 1\\ 0 & 0 & \dfrac{-C_1-C_2}{mV} & \dfrac{C_1L_c-C_2L_f+mV^2}{mV}\\ 0 & 0 & \dfrac{C_1L_c+C_2L_f}{J_yV} & \dfrac{C_1L_c^2+C_2L_f^2}{J_yV}\end{bmatrix}$$

$$B=\begin{bmatrix}0 & 0\\ 0 & 0\\ -\dfrac{C_2}{m} & -\dfrac{C_1}{m}\\ \dfrac{C_2L_f}{J_y} & \dfrac{C_1L_c}{J_y}\end{bmatrix},\quad C=\begin{bmatrix}0\\0\\g\\0\end{bmatrix},\quad D=\begin{bmatrix}0\\0\\\dfrac{1}{m}\\\dfrac{L_f}{J_y}\end{bmatrix}$$

其中，$C_1=\dfrac{0.82}{2}\rho\pi R_n^2V^2(1+\sigma)$，$C_2=\dfrac{0.82}{2}\rho\pi R_n^2V^2(1+\sigma)nI(t,\tau)$。

于是，在地面惯性参考系内，根据动量定理可推导出下面的动力学方程：

$$\sum F=\frac{\mathrm{d}}{\mathrm{d}t}(m\vec{V})=m[\dot{(\vec{V})}+\vec{\omega}\times\vec{V}]=m\begin{Bmatrix}\dot{u}+qw-vr\\ \dot{v}+ur-pw\\ \dot{w}+pv-uq\end{Bmatrix} \tag{3-76}$$

其中，$\vec{V}$、$\vec{\omega}$ 分别表示航行体的速度向量和角速度向量，$\sum F$ 表示航行体所受的外力之和，u、v、w、p、q、r 分别表示速度向量和角速度向量在体坐标系下的分量。

由关于超空泡航行体流体动力分析可知，上式可进一步表达为：

$$\begin{aligned}m(\dot{u}+qw-vr)&=F_{c,x1}+F_{g,x1}+F_{T,x1}+\sum_{i=1}^{4}F_{fi,x1}+F_{plane,x1}\\&=-\frac{0.82}{2}\rho V_c^2S_c(1+\sigma)\cos\alpha_c\cos\beta_c\cos\delta_c-mg\sin\theta+T\\&\quad+\sum_{i=1}^{4}F_{fi,x1}\ \frac{1}{2}\rho\nu^2\cos^2\alpha_pS_wC_d\end{aligned} \tag{3-77}$$

$$\begin{aligned}m(\dot{v}+ur-pw)&=F_{c,y1}+F_{g,y1}+\sum_{i=1}^{4}F_{fi,y1}+F_{plane,y1}=+\sum_{i=1}^{4}F_{fi,y1}\\&\quad-\rho V^2(\pi R^2)\left[1-\left(\frac{\varepsilon}{h+\varepsilon}\right)^2\right]\left(\frac{R+h}{R+2h}\right)\sin\alpha_p\cos\alpha_p\cos\phi\\&\quad-\frac{0.82}{2}\rho V_c^2S_c(1+\sigma)\cos\alpha_c\sin\beta_c\cos\delta_c+mg\sin\phi\cos\theta\end{aligned} \tag{3-78}$$

$$\begin{aligned}m(\dot{w}+pv-uq)&=F_{c,z1}+F_{g,z1}+\sum_{i=1}^{4}F_{fi,z1}+F_{plane,z1}\\&=-\frac{0.82}{2}\rho V_c^2S_c(1+\sigma)\cos\alpha_c\sin\delta_c+mg\cos\phi\cos\theta+\sum_{i=1}^{4}F_{fi,z1}\\&\quad+\rho V^2(\pi R^2)\left[1-\left(\frac{\varepsilon}{h+\varepsilon}\right)^2\right]\left(\frac{R+h}{R+2h}\right)\sin\alpha_p\cos\alpha_p\sin\phi\end{aligned} \tag{3-79}$$

航行体运动过程中，不仅外激励剧烈复杂，而且自身结构动力学特性亦存在变化。在航行体非定常运动过程中，水的密度不可忽略，航行体沾湿表面不断变化，形成了时变流问题。针对这种时变流体现象，建立非定常流体基本方程及其求解方法。

在航行体非定常运动过程中，周围流场变化较为复杂，特别是航行体非定常运动过程中引起的附加水动压力。认为航行体周围流体为均匀无粘无旋的理想流体，并假定流体运动为线性小扰动。

在直角坐标系下，流体运动平衡方程为：

$$\begin{cases}\dfrac{\partial p}{\partial x}+\rho_{\mathrm{f}}\ddot{u}=0\\ \dfrac{\partial p}{\partial y}+\rho_{\mathrm{f}}\ddot{v}=0\\ \dfrac{\partial p}{\partial z}+\rho_{\mathrm{f}}\ddot{w}=0\end{cases}\tag{3-80}$$

式中：u、v、w——水质点沿 x、y、z 方向的位移分量；

ρ_{f}——流体密度；

p——流体动压力。

流体连续性方程为：

$$\frac{\partial \dot{u}}{\partial x}+\frac{\partial \dot{v}}{\partial y}+\frac{\partial \dot{w}}{\partial z}=-\frac{\dot{p}}{K}\tag{3-81}$$

式中：K——流体的压缩模量。

将式（3-81）求导，并将式（3-80）代入得：

$$\nabla^{2}p-\frac{1}{C^{2}}\ddot{p}=0\tag{3-82}$$

式中：$C=\sqrt{K/\rho}$——流体的压缩波速度。

对于不可压缩流体，$K\to\infty$，$C\to\infty$，则：

$$\nabla^{2}p=0\tag{3-83}$$

边界条件为：

（1）在空泡交界面上

$$\frac{\partial p}{\partial n}=-\rho_{\mathrm{f}}\ddot{u}_{\mathrm{n}}\tag{3-84}$$

式中：n——交界面法向方向；

$\ddot{u}_{\mathrm{n}}$——结构法向加速度。

（2）在固定界面上

$$\frac{\partial p}{\partial n_{\mathrm{s}}}=0\tag{3-85}$$

式中：n_{s}——交界面法向方向。

（3）在自由表面上处（$z=h_{\mathrm{w}}$，忽略表面波等其他因素影响）

$$p=0\tag{3-86}$$

（4）在无限远边界处

$$\frac{\partial p}{\partial n_\infty}=0 \tag{3-87}$$

式中：n_∞——无限远处边界的法线方向。

用 Galerkin 法离散化，流场内任一点附近的压力分布 $p(x,y,z,t)$ 可近似地表示为：

$$P^*=\boldsymbol{N}_\mathrm{f}^\mathrm{T}(x,y,z)\boldsymbol{P}(t) \tag{3-88}$$

式中：$\boldsymbol{N}_\mathrm{f}$——流体域形函数矢量；

$\boldsymbol{P}$——节点压力矢量。

对式（3-88）应用加权余值法得：

$$\iiint_\Omega \boldsymbol{N}\nabla^2 P^*\mathrm{d}\Omega-\frac{1}{C^2}\iiint_\Omega \boldsymbol{N}\ddot{P}^*\mathrm{d}\Omega=\boldsymbol{0} \tag{3-89}$$

应用分步积分及 Gauss 公式得：

$$\iint_S \boldsymbol{N}\frac{\partial P^*}{\partial n}\mathrm{d}S-\iiint_\Omega \nabla\boldsymbol{N}\nabla P^*\mathrm{d}\Omega-\frac{1}{C^2}\iiint_\Omega \boldsymbol{N}\ddot{P}^*\mathrm{d}\Omega=\boldsymbol{0} \tag{3-90}$$

式中：S——流体域边界。

将式（3-89）代入式（3-90），得：

$$\iiint_\Omega \nabla\boldsymbol{N}\cdot\nabla\boldsymbol{N}^\mathrm{T}\boldsymbol{P}\mathrm{d}\Omega+\frac{1}{C^2}\iiint_\Omega \boldsymbol{N}\boldsymbol{N}^\mathrm{T}\ddot{\boldsymbol{P}}\mathrm{d}\Omega-\iint_{S_\mathrm{I}}\boldsymbol{N}\frac{\partial P^*}{\partial \boldsymbol{n}}\mathrm{d}S_\mathrm{I}-\iint_{S_\mathrm{f}}\boldsymbol{N}\frac{\partial P^*}{\partial \boldsymbol{n}}\mathrm{d}S_\mathrm{f}$$
$$-\iint_{S_\mathrm{s}}\boldsymbol{N}\frac{\partial P^*}{\partial \boldsymbol{n}}\mathrm{d}S_\mathrm{s}-\iint_{S_\infty}\boldsymbol{N}\frac{\partial P^*}{\partial \boldsymbol{n}_\infty}\mathrm{d}S_\infty=\boldsymbol{0} \tag{3-91}$$

式中：S_I——空泡交界面处表面；

S_s——固定边界处表面；

S_f——自由表面处表面；

S_∞——无限远边界处表面。

将边界条件代入式（3-91），得：

$$\iiint_\Omega \nabla\boldsymbol{N}\cdot\nabla\boldsymbol{N}^\mathrm{T}\boldsymbol{P}\mathrm{d}\Omega+\frac{1}{C^2}\iiint_\Omega \boldsymbol{N}\boldsymbol{N}^\mathrm{T}\ddot{\boldsymbol{P}}\mathrm{d}\Omega-\iint_{S_\mathrm{I}}\boldsymbol{N}\rho\ddot{u}_\mathrm{n}\mathrm{d}S_\mathrm{I}=\boldsymbol{0} \tag{3-92}$$

式中：$\ddot{u}_\mathrm{n}$——空泡交界面上的法向加速度。

$\ddot{u}_\mathrm{n}$可离散化为：

$$\ddot{u}_\mathrm{n}=\boldsymbol{N}_\mathrm{s}^\mathrm{T}\ddot{\boldsymbol{u}}_\mathrm{n} \tag{3-93}$$

式中：$\boldsymbol{N}_\mathrm{s}$——结构的形函数矢量；

$\ddot{\boldsymbol{u}}_n$——结构节点法向加速度矢量。

令 $\boldsymbol{u}$ 为结构位移向量，则：

$$\ddot{\boldsymbol{u}}_\mathrm{n}=\boldsymbol{\Lambda}\ddot{\boldsymbol{u}} \tag{3-94}$$

式中：$\boldsymbol{\Lambda}$——坐标变换矩阵。

由此，可得离散化的流体控制方程：

$$\boldsymbol{E}\ddot{\boldsymbol{p}}+\boldsymbol{H}\boldsymbol{p}+\rho_\mathrm{f}\boldsymbol{B}\ddot{\boldsymbol{u}}=\boldsymbol{0} \tag{3-95}$$

其中，$\boldsymbol{E}=\frac{1}{C^2}\iiint_\Omega \boldsymbol{N}\boldsymbol{N}^\mathrm{T}\mathrm{d}\Omega$，$\boldsymbol{H}=\iiint_\Omega \nabla\boldsymbol{N}\cdot\nabla\boldsymbol{N}^\mathrm{T}\mathrm{d}\Omega$，$\boldsymbol{B}=\left(\iint_{s_\mathrm{I}}\boldsymbol{N}\boldsymbol{N}_\mathrm{s}^\mathrm{T}\mathrm{d}S_\mathrm{I}\right)\boldsymbol{\Lambda}$。

航行体动力学方程为：

$$\boldsymbol{M}_{\mathrm{s}}\ddot{\boldsymbol{u}}+\boldsymbol{C}_{\mathrm{s}}\dot{\boldsymbol{u}}+\boldsymbol{K}_{\mathrm{s}}\boldsymbol{u}=\boldsymbol{f}_{\mathrm{p}}+\boldsymbol{f} \tag{3-96}$$

其中，$\boldsymbol{M}_{\mathrm{s}}$、$\boldsymbol{C}_{\mathrm{s}}$ 和 $\boldsymbol{K}_{\mathrm{s}}$ 分别为结构的质量矩阵、阻尼矩阵和刚度矩阵，$\boldsymbol{f}_{\mathrm{p}}$ 为结构振动所引起的水动力压力，$\boldsymbol{f}$ 为激励力向量。

本节采用的消去变量法为通过空泡交界面上结构变量与流体压力的关系，消去流体域中的压力变量。流体以附连水质量的形式存在并影响结构的振动。本节航行体采用圆柱体外形。因此，在忽略水的可压缩性情况下，可以利用细长体切片理论较方便地求出结构横向振动的附连水质量。

（1）附连水质量矩阵

对于不可压缩流体，$K\to\infty$，$C\to\infty$，则其控制方程为式（2-19）。其离散化的形式为：

$$\boldsymbol{H}\boldsymbol{p}+\rho_{\mathrm{f}}\boldsymbol{B}\ddot{\boldsymbol{u}}=\boldsymbol{0} \tag{3-97}$$

在空泡交界面上，流体单元压力分布可近似地离散为

$$P^{(\mathrm{e})}=\boldsymbol{N}_{\mathrm{fe}}^{\mathrm{T}}\boldsymbol{P}_{\mathrm{e}} \tag{3-98}$$

式中：$\boldsymbol{P}_{\mathrm{e}}$——流体单元节点压力矢量；

$\boldsymbol{N}_{\mathrm{fe}}^{\mathrm{T}}$——流体单元形函数向量。

设在流固交界面处有一法向节点虚位移 $\delta\boldsymbol{U}_{\mathrm{n}}^{(\mathrm{e})}$，则在此交界面上的法向虚位移为：

$$\delta u_{\mathrm{n}}^{(\mathrm{e})}=\boldsymbol{N}_{\mathrm{se}}^{\mathrm{T}}\delta\boldsymbol{U}_{\mathrm{n}}^{(\mathrm{e})} \tag{3-99}$$

式中：$\boldsymbol{N}_{\mathrm{se}}$——结构单元形函数向量。

作用在交界面上的水动压力对上述虚位移的虚功为：

$$\delta W_{\mathrm{e}}=\iint_{S_{\mathrm{Ie}}}P^{(\mathrm{e})}\delta u_{\mathrm{n}}^{(\mathrm{e})}\mathrm{d}S_{I\mathrm{e}}=\delta\boldsymbol{u}_{\mathrm{n}}^{(\mathrm{e})\mathrm{T}}\cdot\left(\iint_{S_{\mathrm{Ie}}}\boldsymbol{N}_{\mathrm{se}}\boldsymbol{N}_{\mathrm{fe}}^{\mathrm{T}}\mathrm{d}S_{\mathrm{Ie}}\right)\boldsymbol{P}_{\mathrm{e}} \tag{3-100}$$

由此可得单元法向广义力矢量：

$$\boldsymbol{f}_{\mathrm{pn}}^{\mathrm{e}}=\left(\iint_{S_{\mathrm{Ie}}}\boldsymbol{N}_{\mathrm{se}}\boldsymbol{N}_{\mathrm{fe}}^{\mathrm{T}}\mathrm{d}S_{\mathrm{Ie}}\right)\boldsymbol{P}_{\mathrm{e}} \tag{3-101}$$

经坐标变换，可得总体坐标上的广义力为：

$$\boldsymbol{f}_{\mathrm{p}}^{\mathrm{e}}=\boldsymbol{\Lambda}^{\mathrm{T}}\boldsymbol{f}_{\mathrm{pn}}^{\mathrm{e}}=\boldsymbol{\Lambda}^{\mathrm{T}}\left(\iint_{S_{\mathrm{Ie}}}\boldsymbol{N}_{\mathrm{se}}\boldsymbol{N}_{\mathrm{fe}}^{\mathrm{T}}\mathrm{d}S_{\mathrm{Ie}}\right)\boldsymbol{P}_{\mathrm{e}} \tag{3-102}$$

组合广义力向量，可得：

$$\boldsymbol{f}_{\mathrm{p}}=\sum\boldsymbol{f}_{\mathrm{p}}^{\mathrm{e}}=\boldsymbol{B}^{\mathrm{T}}\boldsymbol{P} \tag{3-103}$$

其中，$\boldsymbol{M}_{\mathrm{a}}=\rho_{\mathrm{f}}\boldsymbol{B}^{\mathrm{T}}\boldsymbol{H}^{-1}\boldsymbol{B}\ddot{\boldsymbol{u}}$ 记为附连水质量矩阵，式（2-48）可简化为以下形式：

$$(\boldsymbol{M}_{\mathrm{s}}+\boldsymbol{M}_{\mathrm{a}})\ddot{u}+\boldsymbol{C}_{\mathrm{s}}\dot{u}+\boldsymbol{K}_{\mathrm{s}}\boldsymbol{u}=\boldsymbol{F} \tag{3-104}$$

通过对比式（2-41）和式（2-32），与空气中的振动方程相比较，考虑空泡的振动方程多了附连水质量矩阵一项。

（2）附连水质量矩阵计算方法

本文航行体采用圆柱体外形。因此利用细长体切片理论，三维附连水质量计算可简化为局部截面的二维附连水质量计算。针对其某一局部截面微元进行分析。当航行体横向振动时，外力不仅推动此局部截面微元运动使其动能增加，而且还增加周围流体的动能。

令 λ 为此局部截面微元的附连水质量，则物体加速时给水的作用力为 $\lambda \mathrm{d}V(t)/\mathrm{d}t$。$V(t)$为此微元的横向运动速度。在 $\mathrm{d}t$ 时间内，微元的运动距离为 $V\mathrm{d}t$。对于理想流体，其动能增加量为：

$$\mathrm{d}T=\left(\lambda \frac{\mathrm{d}V}{\mathrm{d}t}\right)\cdot V\mathrm{d}t \tag{3-105}$$

积分后得：

$$T=\frac{1}{2}\lambda V^2 \tag{3-106}$$

式（3-106）表明，可通过计算流体的动能而求得附连水质量。航行体局部截面物面记为 S；其速度为 V（t）；其外部无穷远处界面记为 Σ。物面振动使微元流体 τ 获得速度 v，则空间 τ 内流体动能为：

$$T=\int_{\tau}\frac{1}{2}\rho_{\mathrm{f}}v^2\mathrm{d}\tau=\frac{\rho_{\mathrm{f}}}{2}\int_{\tau}v^2\mathrm{d}\tau \tag{3-107}$$

假设流体运动无旋，则存在速度势 Φ

$$v^2=(\nabla\Phi)^2=\nabla\cdot(\Phi\nabla\Phi)-\Phi\nabla^2\Phi=\nabla\cdot(\Phi\nabla\Phi) \tag{3-108}$$

将式（3-108）代入式（3-107），应用 Gauss 定理，得：

$$T=\frac{\rho_{\mathrm{f}}}{2}\int_{\tau}[\nabla\cdot(\Phi\nabla\Phi)]\mathrm{d}\tau=-\frac{\rho_{\mathrm{f}}}{2}\int_{\Sigma+S}\Phi\frac{\partial\Phi}{\partial n}\mathrm{d}S \tag{3-109}$$

在无穷远截面 Σ 上，流体的运动速度趋近于零，则$\nabla\Phi|_{\Sigma}$趋近于 $\mathbf{0}$。

$$T=-\frac{\rho_{\mathrm{f}}}{2}\int_{S}\Phi\frac{\partial\Phi}{\partial n}\mathrm{d}S \tag{3-110}$$

令 $\Phi=V(t)\Phi_0$，则可得：

$$T=-\frac{\rho_{\mathrm{f}}V^2}{2}\int_{S}\Phi_0\frac{\partial\Phi_0}{\partial n}\mathrm{d}S \tag{3-111}$$

$$\lambda=-\int_{S}\Phi_0\frac{\partial\Phi_0}{\partial n}\mathrm{d}S \tag{3-112}$$

圆柱绕流的相对速度势为：

$$\Phi^*=V(t)\left(r+\frac{a^2}{r^2}\right)\cos\theta \tag{3-113}$$

式中：a——局部截面半径。

其牵连速度势为：

$$\Phi_{\mathrm{e}}=-V(t)x \tag{3-114}$$

其单位速度势为：

$$\Phi_0=\frac{\Phi_{\mathrm{e}}+\Phi^*}{V(t)}=-x+\left(r+\frac{a^2}{r^2}\right)\cos\theta=-r\cos\theta+\left(r+\frac{a^2}{r^2}\right)\cos\theta=\frac{a^2}{r^2}\cos\theta \tag{3-115}$$

$$\frac{\partial\Phi_0}{\partial n}=\frac{\partial\Phi_0}{\partial r}=-\frac{a^2}{r^2}\cos\theta \tag{3-116}$$

此局部截面维元的附连水质量为：

$$\lambda=-\rho_{\mathrm{f}}\int_{S}\left[\frac{a^2}{r^2}\cos\theta\left(-\frac{a^2}{r^2}\cos\theta\right)\right]_{r=a}\mathrm{d}S=-\rho_{\mathrm{f}}\int_0^{2\pi}[-a\cos^2\theta]a\,\mathrm{d}\theta=\rho_{\mathrm{f}}\pi a^2 \tag{3-117}$$

这表明，圆柱局部截面微元的附连水质量等于其排开流体的质量。

$$F_{\mathrm{f}}=C_{\mathrm{M}}\rho_{\mathrm{f}}\pi a^{2}\dot{V}+C_{\mathrm{D}}\rho_{\mathrm{f}}aV|V| \tag{3-118}$$

其中，F_{f} 为流体对绕流物体的作用力，这其中包括附连水质量力 $C_{\mathrm{M}}\rho_{\mathrm{f}}\pi a^{2}\dot{V}$ 及阻力 $C_{\mathrm{D}}\rho_{\mathrm{f}}aV|V|$，$C_{\mathrm{M}}$ 和 C_{D} 为由雷诺数及其他因素所确定的系数。

将此附连水质量可转化为结构单元的集中质量矩阵，并将其计入自由液面以下考虑空泡的结构单元质量矩阵内。此附连水质量矩阵为：

$$\boldsymbol{M}_{\mathrm{a}}=\begin{bmatrix} \frac{1}{2}\pi\rho_{\mathrm{f}}a^{2}L_{\mathrm{e}} & & \boldsymbol{0} & \\ & 0 & & \\ \boldsymbol{0} & & \frac{1}{2}\pi\rho_{\mathrm{f}}a^{2}L_{\mathrm{e}} & \\ & & & 0 \end{bmatrix} \tag{3-119}$$

式中：a——局部航行体截面半径；

L_{e}——该梁单元长度。

在地面坐标系中，根据动量矩定理，航行体对重心的动量矩的变化量等于外力对重心的力矩，可得：

$$\Sigma M=\frac{\mathrm{d}}{\mathrm{d}t}(J_{\mathrm{CG}}\vec{\omega})=J_{\mathrm{CG}}\dot{\vec{w}}+\vec{\omega}\times J_{\mathrm{CG}}\vec{\omega} \tag{3-120}$$

其中，ΣM 表示航行体所受的力矩之和，$J_{\mathrm{CG}}=diag(J_{\mathrm{x}}\,J_{\mathrm{y}}\,J_{\mathrm{z}})$ 表示航行体的转动惯性矩阵。

由于航行体质量是均匀对称分布的，关于超空泡航行体流体动力分析可知，上式可进一步表述为：

$$J_{\mathrm{x}}\dot{p}+(J_{\mathrm{z}}-J_{\mathrm{y}})rq=M_{\mathrm{c,x1}}+\sum_{i=1}^{4}M_{\mathrm{fi,x1}}+M_{\mathrm{plane,x1}}=\sum_{i=1}^{4}M_{\mathrm{fi,x1}} \tag{3-121}$$

$$\begin{aligned} J_{\mathrm{y}}\dot{q}+(J_{\mathrm{x}}-J_{\mathrm{z}})rp&=M_{\mathrm{c,y1}}+\sum_{i=1}^{4}M_{\mathrm{fi,y1}}+M_{\mathrm{plane,y1}}\\ &=\frac{0.82}{2}x_{\mathrm{cg}}\rho V_{\mathrm{c}}^{2}S_{\mathrm{c}}(1+\sigma)\cos\alpha_{\mathrm{c}}\cos\delta_{\mathrm{c}}+\sum_{i=1}^{4}M_{\mathrm{fi,x1}}\\ &\quad+\rho V^{2}(\pi R^{2})\cos^{2}\alpha_{\mathrm{p}}\frac{R+h}{R+2h}\frac{h^{2}}{h+\varepsilon}\sin\phi \end{aligned} \tag{3-122}$$

$$\begin{aligned} J_{\mathrm{z}}\dot{r}+(J_{\mathrm{y}}-J_{\mathrm{x}})qp&=M_{\mathrm{c,z1}}+\sum_{i=1}^{4}M_{\mathrm{fi,z1}}+M_{\mathrm{plane,z1}}\\ &=\sum_{i=1}^{4}M_{\mathrm{fi,x1}}+\rho V^{2}(\pi R^{2})\cos^{2}\alpha_{\mathrm{p}}\frac{R+h}{R+2h}\frac{h^{2}}{h+\varepsilon}\cos\phi\\ &\quad-\frac{0.82}{2}x_{\mathrm{cg}}\rho V_{\mathrm{c}}^{2}S_{\mathrm{c}}(1+\sigma)\cos\alpha_{\mathrm{c}}\sin\beta_{\mathrm{c}}\cos\delta_{\mathrm{c}} \end{aligned} \tag{3-123}$$

3.7.2 运动学方程的建立

航行体在地面坐标系下的位置为（x_{e}，y_{e}，z_{e}），速度为（$\dot{x}_{\mathrm{e}}$，$\dot{y}_{\mathrm{e}}$，$\dot{z}_{\mathrm{e}}$）。根据体坐

标系到地面系的转换矩阵，航行体质心的运动轨迹为：

$$\begin{bmatrix} \dot{x}_e \\ \dot{y}_e \\ \dot{z}_e \end{bmatrix} = \begin{bmatrix} \cos\theta\cos\psi & \cos\psi\sin\theta\sin\phi - \cos\phi\sin\psi & \cos\phi\sin\theta\cos\psi + \sin\phi\sin\psi \\ \cos\theta\sin\psi & \sin\theta\sin\phi\sin\psi + \cos\psi\cos\phi & \cos\phi\sin\theta\sin\psi - \cos\psi\sin\phi \\ -\sin\theta & \sin\phi\sin\theta & \cos\phi\cos\theta \end{bmatrix} \begin{bmatrix} u \\ v \\ w \end{bmatrix} \tag{3-124}$$

航行体体坐标系相对于地面坐标系的旋转角速度 $\vec{\omega}$ 用欧拉角可表示为：

$$\vec{\omega} = \vec{\dot{\psi}} + \vec{\dot{\theta}} + \vec{\dot{\phi}} \tag{3-125}$$

代入各向量在体坐标系下的分量，可进一步表示为：

$$\begin{bmatrix} p \\ q \\ r \end{bmatrix} = \begin{bmatrix} -\sin\theta & 0 & 1 \\ \cos\theta\sin\phi & \cos\phi & 0 \\ \cos\theta\cos\phi & -\sin\phi & 0 \end{bmatrix} \begin{bmatrix} \dot{\psi} \\ \dot{\theta} \\ \dot{\varphi} \end{bmatrix} \tag{3-126}$$

对上式进行逆变换得出航行体相对于地面坐标系转动时三个姿态角的变化率：

$$\begin{bmatrix} \dot{\psi} \\ \dot{\theta} \\ \dot{\varphi} \end{bmatrix} = \begin{bmatrix} 0 & \sin\phi\sec\theta & \cos\phi\sec\theta \\ 0 & \cos\phi & -\sin\phi \\ 1 & \tan\theta\sin\phi & \tan\theta\cos\phi \end{bmatrix} \begin{bmatrix} p \\ q \\ r \end{bmatrix} \tag{3-127}$$

上式联立即为超空泡航行体运动的非线性动力学模型，模型共有 12 个未知数，详细描述了超空泡航行体的空间运动和受力信息。

3.8　本章小结

数学模型是控制系统的控制对象，是控制方法研究和控制系统设计的基础。本章首先定义了超空泡航行体动力学建模所需的坐标系，设定了航行体的运动参数，并给出了坐标系之间的转换矩阵；在此基础上，详细分析了超空泡航行体空间运动时受到的力和力矩；最后根据动量定理和动量矩定理建立了描述超空泡航行体空间运动的非线性动力学模型。

本章所建立的超空泡航行体的非线性动力学模型，为后续章节进行超空泡航行体姿态机动时的控制方法研究奠定了基础。

第4章 空化器变攻角非定常空泡流特性研究

4.1 引 言

由于超空泡航行体几乎完全被空泡包裹，航行体的流体动力或力矩主要来源是与水接触的部分（空化器、航行体尾部、尾翼）及航行体的推力矢量。其中，空化器位于航行体头部，作为超空泡的出生和起始位置，其作用主要是诱导空化的产生、控制空泡形态以及为航行体提供部分升力。航行体运动过程中多采用空化器攻角变化实现航行体平衡与弹道修正。空化器攻角变化，引起空泡流场非定常变化，对航行体流体动力及稳定性产生影响。因此本章通过试验与数值模拟相结合方法，对空化器转动非定常空泡流特性进行研究。在数值模拟中，通过二次开发实现空化器转动控制，并通过动网格技术实现物体与流域之间位置变化。

4.2 空化器定攻角空泡流特性试验研究

空化器根据其用途不同具有不同外形，较为常见的有圆盘空化器和锥形空化器（图4-1），还有一些特殊形状的空化器比如星形和梅花形空化器（图 4-2）等，此外为了实现一些特定的功能还会对锥形空化器和圆盘空化器改造和组合。但总的来看，目前常用空化器还是以圆盘空化器和锥形空化器为主，本章以圆盘空化器作为研究对象。

图 4-1 圆盘空化器和锥形空化器

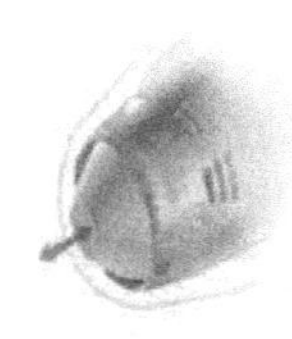

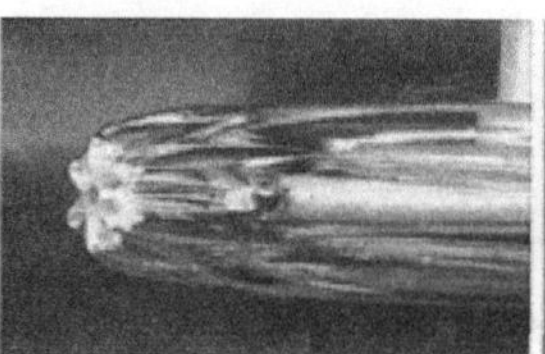
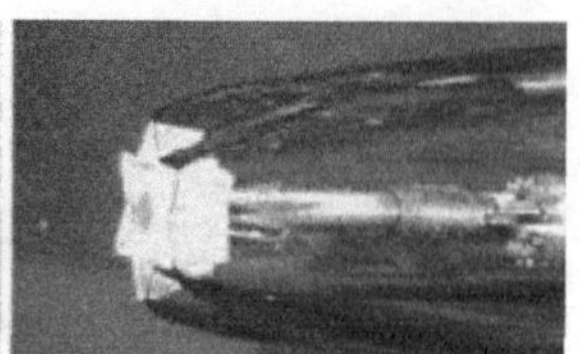

图 4-2 其他形状空化器

超空泡问题研究最直接、有效的方法是进行大量的重复观察与测量试验，因此本节利用循环水洞对不同攻角下的空泡特性进行了试验研究。由于在水洞试验中，很难通过提高来流速度和降低工作段流场压力来降低空化数使航行体自身产生超空泡，因此本节通过向局部空泡内通气的方式来增加空泡内压力，从而降低空泡数形成通气超空泡。目前，人工通气生成超空泡是一种被广泛认同的非常有效的水洞试验方法。

本节通过在中速水洞中开展的大量试验，对通气超空泡生成与发展机理、空泡形态及流体动力特性进行了研究，分析了空化器攻角对空泡形态与流体动力的影响，讨论了空泡形态与通气率之间的关系。同时，本节研究内容也为后文数值模拟研究提供了参考与对比。

4.2.1　试验设计

本节试验主要在哈尔滨工业大学高水头水力机械通用试验1台完成，试验台原理图和工作段各装置示意图如图4-3所示，其中椭圆线内部分为水洞试验的工作段。水洞工作段直径 $D=0.2\text{m}$，工作段压力可调范围为 $P=20\sim120\text{kPa}$，工作段的最小自然空化数 σ_{minv} 在无模型和有模型条件下可分别达到0.23和0.35。水洞的收缩段内装有蜂窝器，以降低湍流度，使出口水流均匀。

1. 试验设备

本节试验装置主要包括试验模型、工作段测试系统、通气控制系统、测力系统、照明与图像采集系统。

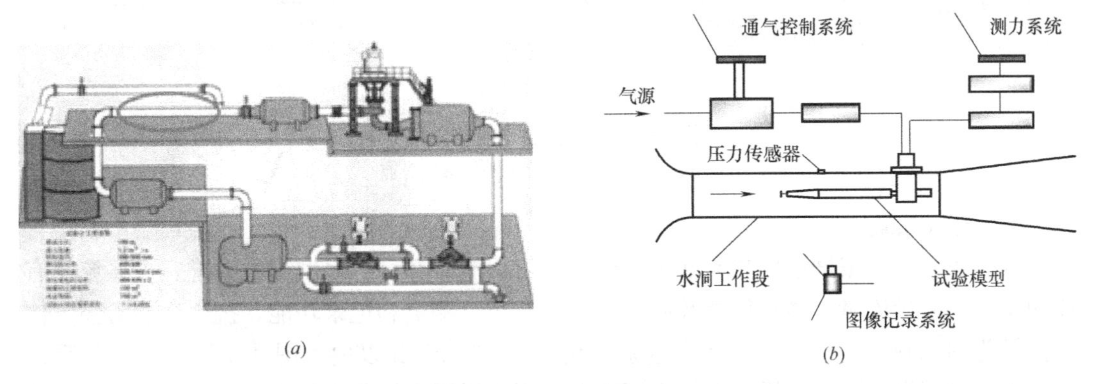

图4-3　试验台原理图和工作段各装置示意图

(a) 试验台原理图；(b) 工作段各装置示意图

(1) 试验模型

试验采用多种模型，其典型结构如图4-4所示，主要由空化器、通气碗、前锥段和圆柱段四部分组成，总长 $L=500\text{mm}$，最大直径 $D=36\text{mm}$。

试验模型的支撑系统采用尾支撑，并使试件的尾部与支撑键有一定距离，不小于模型有效部分长度的一半。这样可以尽量减小支撑键对超空泡尾部流场的影响，可以保证观察到空泡完全包覆试件时的尾部流场情况。为尽量减小支撑杆对尾部流场的影响，支撑杆的直径在保证能够固定天平的情况下已经做到了尽量小。另外由于试件较长，为保证试件支撑的强度和刚度，支撑杆材料采用了高强度的不锈钢。空化器与通气碗，以及通气碗与模型后体都采用螺纹连接，通气管路和所有的测试线路都由模型内部经支杆从支撑键引出水洞，以便尽量减少对流场和超空泡形态的影响。

图 4-4　试验模型实物图

(2) 测控系统

水洞测控系统包括速度测试、压力测试与控制系统。工作段流速（流量）利用系统本身的电磁流量计测量流量，进而间接测量出工作段的流速；工作段压力由安装在工作段上的压力传感器测出；水洞工作段测控系统是通过组态软件完成，界面如图 4-5 所示。

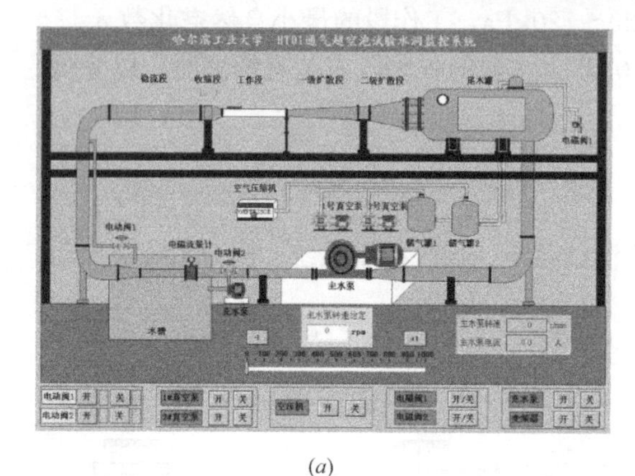

(a)

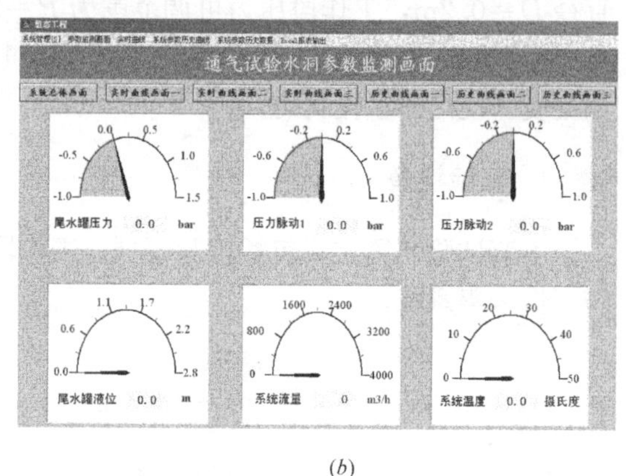

(b)

图 4-5　水洞监控与测试界面

(a) 水洞监控界面；(b) 水洞测试界面

(3) 通气系统

试验通气系统根据通气超空泡水洞试验自行研制，并经过多次试验改进，该系统拥有体积流量、质量流量、多点压力及温度的自动调节、测量和记录功能，抗干扰能力强。体积流量范围 0.06～4m^3/h，气体流量系统精度 0.005m^3/h 以内。图 4-6 为外置通气系统通气流量控制界面，软件界面上部为原理图，用于说明系统原理和显示硬件工作状态；软件界面中部为数据曲线显示区，分别显示系统内多点压力、质量流量和体积流量；软件界面下部为用户操作区，用于输入体积流量、分步执行和参数设定等。

在试验中，通过控制空泡数使模型生成超空泡，通过改变水洞工作段水速和压力及空泡内压力获得不同的通气空泡数。水洞工作段的流速由电磁流量计测量和工作段压力由压差传感器测量。空泡内部压力由模型表面分布的测压孔导出，再由压力薄膜传感器进行测量，工作段压力和空泡内部压力采样如图 4-7 所示。

(4) 测力系统

测力系统包括数据采集系统、灵敏元件（六分力天平），试验用六分力应变式天平，精度为 7‰，工作界面如图 4-8 所示。利用模型的有效部分感受流场阻力的变化情况，再利用数据采集系统将六分力天平的电信号采集进来，然后电信号输出通过数模转化器（A/D）将电信号转换为数字信号，计算机系统最后把数字信号数据保存起来。

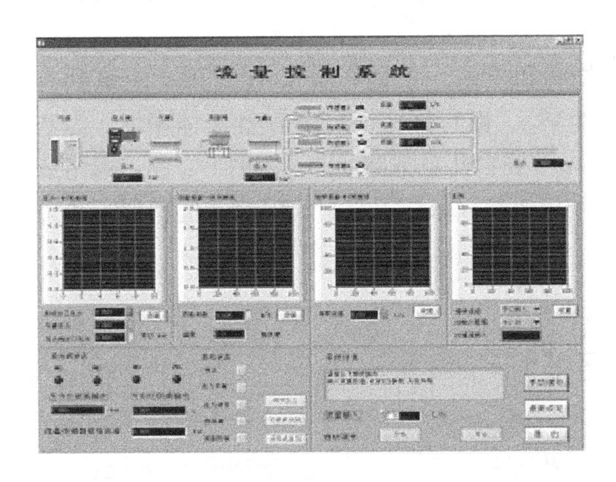

图 4-6　外置通气系统的控制软件界面

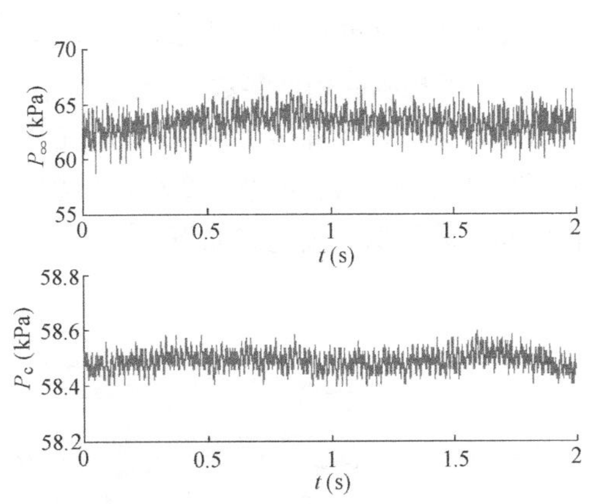

图 4-7　工作段压力与空泡内部压力采样

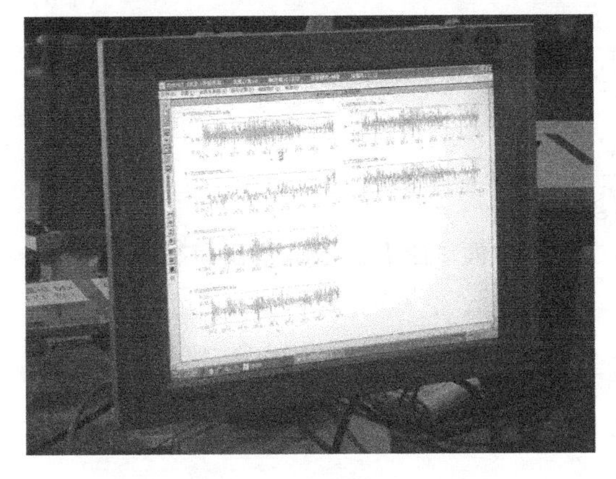

图 4-8　测力天平工作界面

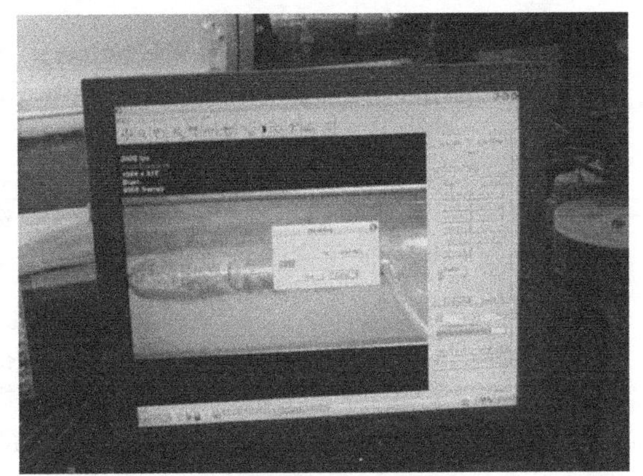

图 4-9　高速摄像系统工作界面

(5) 图像采集系统

图像采集系统包括 2 台数字摄像机、2 台数字相机与 1 台高速摄像机组成。通过图像采集系统分别对空泡形态的静态特性和动态特性进行测量记录，高速摄像主要参数见表 4-1，工作界面如图 4-9 所示。

高速摄像机主要性能指标　　**表 4-1**

主要性能	指　标	备　注
图像分辨率	1024×1024 像素	
拍摄速度	3000 FPS	最大分辨率情形
内存容量	标准 2.6GB	最大 8GB
图像灰度值	单色 10 位	彩色 10 位/RGB
接口	IEEE1394	
存储介质	IC 卡	

2. 试验相似准则

超空泡现象主要有以下参数：流体速度—V_∞；航行体特征尺度—L；流体粘性—μ；

超空泡内外压差—$(P_{\infty}-P_{c})$；重力加速度—g；流体密度—ρ；水表面张力系数—ζ；脉动频率—f。

超空泡现象中的基本量纲为：时间、长度和质量。根据布金汉Ⅱ定理，应该共有8－3＝5个相应的相似参数。当选取流体速度V_{∞}、航行体特征尺度L和流体密度ρ为基本量时，可以得到弗劳德数Fr、通气空泡数σ（或自然空泡数σ_{v}）、韦伯We数、雷诺数Re和斯特劳哈尔数St等五个相似参数。这些相似参数保证了空泡流中的几何相似、动力相似和运动相似。表达式如下：

$$\sigma=\frac{P_{\infty}-P_{c}}{\frac{1}{2}\rho V_{\infty}^{2}} \tag{4-1}$$

$$Re=\frac{V_{\infty}L\rho}{\mu} \tag{4-2}$$

$$We=\frac{\rho L V_{\infty}^{2}}{\xi} \tag{4-3}$$

$$St=\frac{Lf}{V_{\infty}} \tag{4-4}$$

$$Fr=\frac{V_{\infty}}{\sqrt{gL}} \tag{4-5}$$

如果航行体特征尺度选取空化器直径D_{n}，则超空泡直径D_{c}与作用在航行体上的力F分别可以表示为：

$$\begin{aligned}D_{c}&=D_{n}f_{1}(\sigma,Re,We,St,Fr)\\F&=\frac{\rho V_{\infty}^{2}}{2}f_{2}(\sigma,Re,We,St,Fr)\end{aligned} \tag{4-6}$$

其中，f_{1}和f_{2}是无量纲参数的函数，函数可由理论推导或试验总结给出。而在试验中，同一种液体的条件下，上述五个参数不可能同时满足相等，所以只考虑其中最重要的相似参数。

空泡数是研究超空泡问题中最主要的相似参数，部分参数改变，空泡数减小到一定程度，可以形成超空泡，主要实现方法有以下三种：增加流场流体速度（$V_{\infty}>50$m/s）；减小流场环境压力P_{∞}；采用向空泡内通气的方式，增加通气空泡的内部压力P_{c}。

对于超空泡的研究主要是通过自由飞试验与通气水洞试验。自由飞试验是典型的第一种方法形成超空泡，其优点是能够对航行体的真实状态最大限度地模拟，可以得到超空泡形态、航行体流体动力、航行体轨迹以及航行体稳定等多种信息，从而为超空泡航行体设计提供最直接最有效的数据，但自由飞试验其安全性与经济性稍差。空泡水洞试验采用第二种方法减小环境压力和第三种方法增加空泡内压力形成空泡，尤其是通过通气技术弥补了水洞试验流速较小（通常小于30m/s）及流场降压能力有限的缺陷，使得水洞成为开展研究超空泡技术重要的试验设备。水洞试验由于受到尺度效应的影响，测量数据的有效性与动力飞行试验相比稍差一些，但是由于水洞试验在观测水动力学过程中细节方面的突出性而被广泛应用于空化器、水翼、有攻角等各种水力学设备的研究。然而，由于通气超空泡的形成在流场速度较低条件下，并且具有空泡流非定常特性，因此斯特劳哈尔数和弗劳德数也是非定常通气超空泡流研究中的主要相似参数。韦伯数和雷诺数虽然会对通气超空泡尾部的气体泄漏方式产生一定的影响，但是由于通气超空泡尾部流场结构复杂，现有的试验条件，无法对尾部流场进行有效的测量，因此在本节中韦伯数和雷诺数不作为主要的相似准则。

3. 试验数据处理方法

通过高速摄像系统采集获得通气空泡形态。试验中，当空泡形态处于相对稳定状态，就是在一定的持续时间内空泡形态相对不变，通过高速摄像系统拍摄，得到一系列空泡形态变化图，在后续数据处理时，对空泡形态图片上的空泡尺寸采用统计平均值。由于通气超空泡基本形态为椭球形，因此对空泡尺寸描述通常采用无量纲化的最大长度与最大直径。在通气超空泡试验中，由于受到重力影响，空泡形态存在尾部上漂，空泡形态有着一定的不对称性，航行体上表面空泡长度较大，空泡下表面长度较小，所以在处理数据时通气超空泡的长度采用公式（4-7）上下空泡长度的平均值（图 4-10）：

$$L_c=\frac{L_1+L_2}{2} \tag{4-7}$$

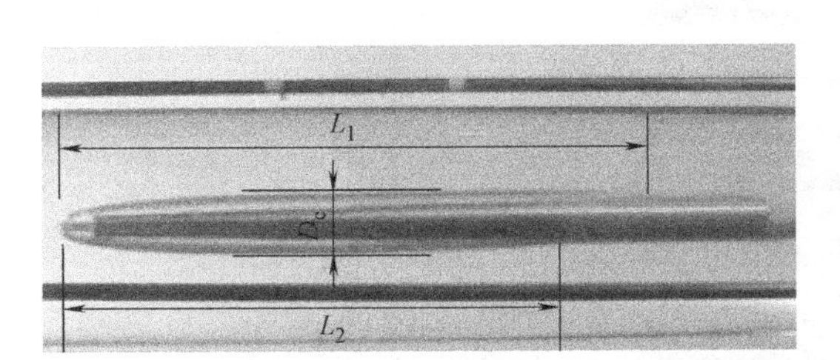

图 4-10　通气超空泡长度和直径的定义

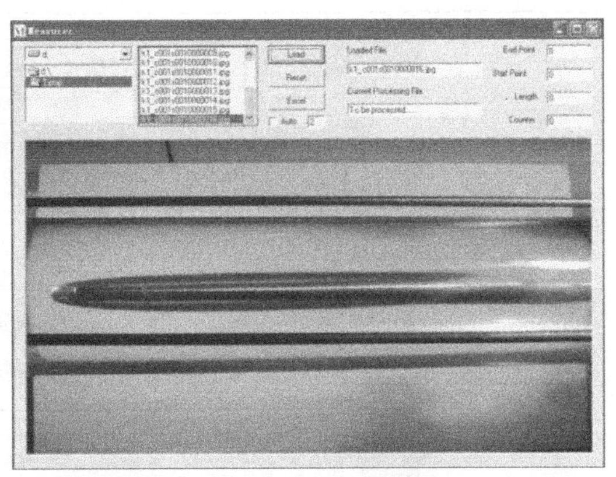

图 4-11　测量超空泡尺度界面

由于采用数字高速摄像机记录图像，拍照速度达到了 500 帧每秒，因此对于空泡图像尺度的测度工作，工作量十分巨大。为了提高测量的工作效率，并尽可能使测量过程准确、客观、快捷，试验室自主开发了测量程序，用于超空泡形态图像的测量与后处理，以保证图片处理条件的客观一致性。该程序采用 Visual Basic 编写，主要实现在测量图像数据过程中自动载入图像、自动图像测量、自动图像存储、自动分类、分文件存储图像测量数据等数据后处理的功能。通过采用此测量软件，极大提高了图像测量效率与测量精度，操作人员只需认真判断空泡的形态，其他任务由计算机程序自动完成。本程序分别用来测量超空泡的长度和宽度，其操作界面如图 4-11 所示。

图 4-12 给出了空化器攻角变化示意图，空化器攻角指的是空化器法线与来流方向在纵平面内夹角，用 α 表示；空化器角速度用 ω 表示，逆时针方向为正。

4.2.2　试验结果分析

本次试验采用空化器直径为 16mm，工作段流速为 6～10m/s，通气量为 0～2m^3/h。

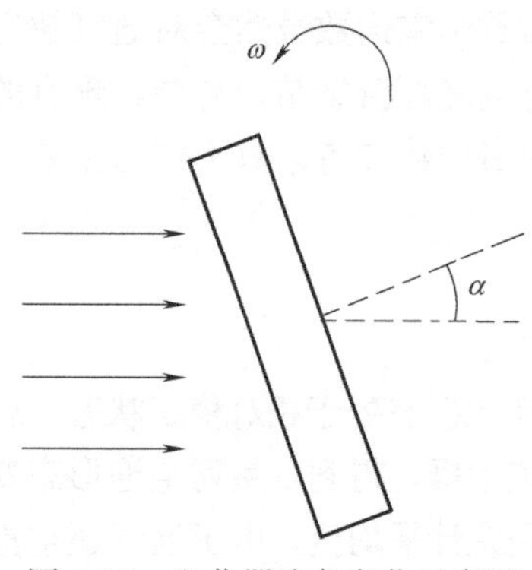

图 4-12　空化器攻角变化示意图

为研究空化器攻角对空泡形态影响，试验中分别对定攻角下、来流速度一定、通气量改变等多种工况下空泡形态与流体动力进行观察与记录；对空化器攻角一定、来流速度变化、通气率保持不变工况下通气超空泡形态与航行体流体动力进行观察与记录；对来流速度不变、不同空化器攻角、通气率改变工况下通气超空泡形态与航行体流体动力进行观察与记录；通过对试验数据分析整理得到了空化器攻角、通气率、速度等因素对通气超空泡形态与航行体流体动力影响，表 4-2 给出了来流速度 10m/s、通气量 $1.5m^3/h$ 工况下，不同空化器攻角通气空泡形态。从表中可以看出，随着空化器攻角的增大，尾部上漂成减弱趋势，航行体下表面空泡面积增大，尾部沾湿面减小，这与经验公式相吻合。

空化器不同攻角空泡形态　　　　**表 4-2**

空 泡 形 态	空化器攻角
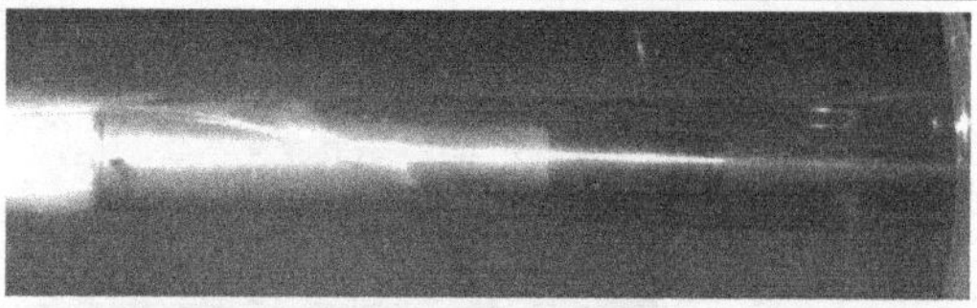	0°
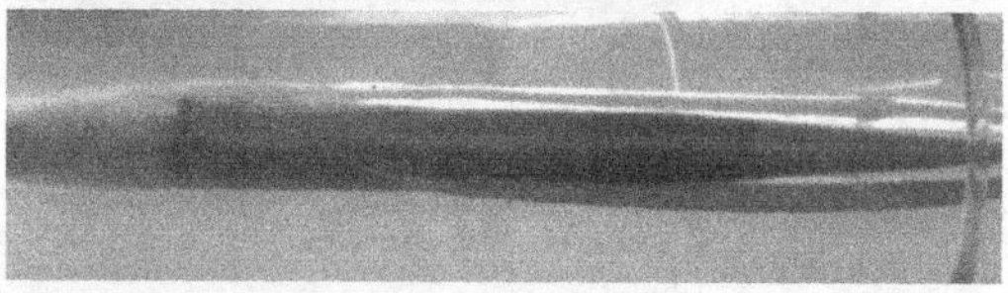	3°
	6°
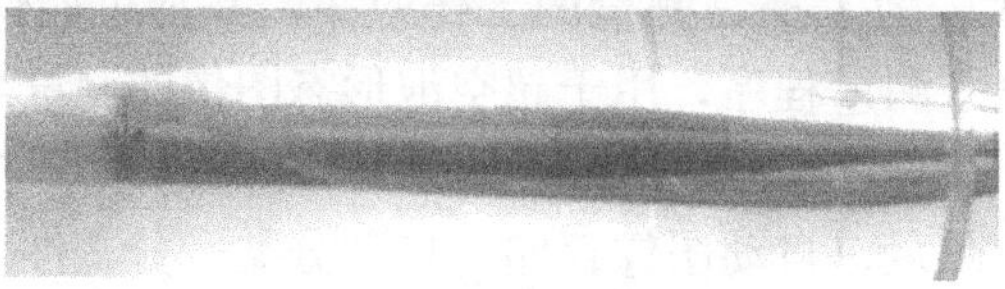	9°

图 4-13 给出了当空化器直径为 16mm、通气量为 $0m^3/h$ 时，模型在不同来流速度条件下轴向力、俯仰力与空化器攻角之间的关系。

由图 4-13 可以看出，在无空泡状态下，空化器攻角越大航行体阻力系数越大，升力系数越大。其原因主要是在无空泡流状态下，航行体完全沾湿，来流速度不变，空化器攻角越大，航行体受力沿轴向分量越小（阻力越小），竖直方向分量越大（升力越大）。

图 4-14 为通气量 $2.0m^3/h$ 时，模型在不同来流速度条件下轴向力、俯仰力与空化器攻角之间的关系。由图中可以看出，空化器攻角越大，阻力系数越小，升力系数越小。这

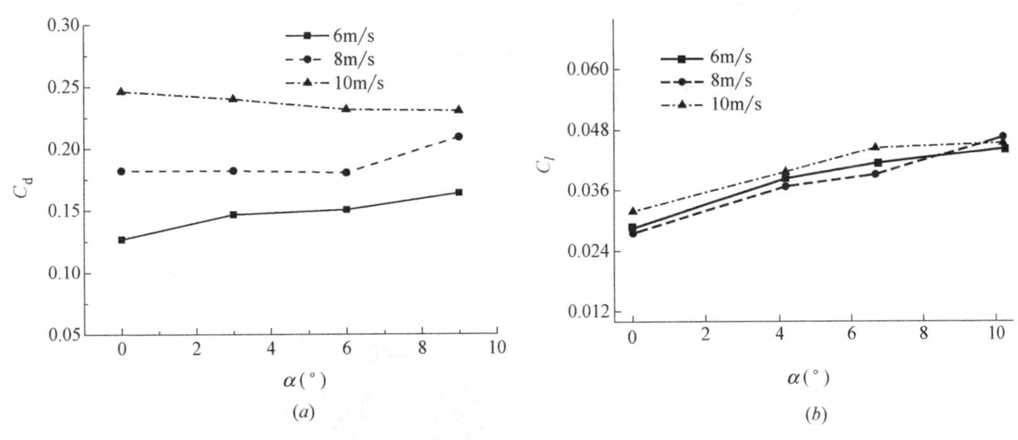

图 4-13　全沾湿下流体动力随空化器攻角变化曲线

(*a*) 阻力系数对比；(*b*) 升力系数对比

是由于通气超空泡在重力作用下，空化器攻角越大，空泡向下弯曲越明显，航行体下表面沾湿越小，这在表 4-2 中可以得到验证，因此航行体粘性阻力越小，阻力系数越小；航行体下表面沾湿面积减小，上下表面压差减小，升力系数减小。速度较低时没有生成通气超空泡，流体动力与无空泡状态近似。

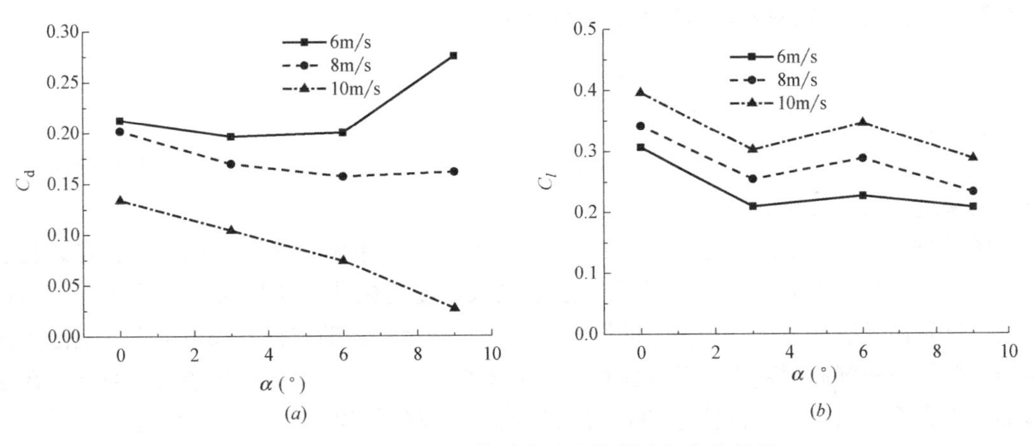

图 4-14　超空泡下流体动力随空化器攻角变化曲线

(*a*) 阻力系数对比；(*b*) 升力系数对比

4.3　空化器变攻角空泡流特性数值研究

4.3.1　物理模型、边界条件

本节采用的物理模型如图 4-15 (*a*) 所示，由圆盘空化器、锥段、柱段和水平尾翼组成，模型最大直径 D，模型总长 $13D$，圆锥段两边直径分别为 $0.5D$、D，长度为 $5D$，圆柱段长度为 $8D$，尾翼高为 $0.5D$，尾翼宽度为 $0.5D$，尾翼厚度为 $0.2D$。计算域如图 4-15 所示，网格划分采用多块划分方法，网格中间区域为动网格，总网格数为 446770。

计算域入口距模型前端 $25D$，出口距模型尾端 $100D$。边界条件如前端入口为速度入口，出口为压力出口，模型表面为无滑移壁面条件。对于空化器定攻角数值计算，采用 steady 求解器，选用 k-ε 湍流模型。对于空化器攻角变化数值计算，采用 unsteady 求解器，时间步长 $\Delta t=1\text{e}-4\text{s}$，并选用 SST k-ω DES 湍流模型。

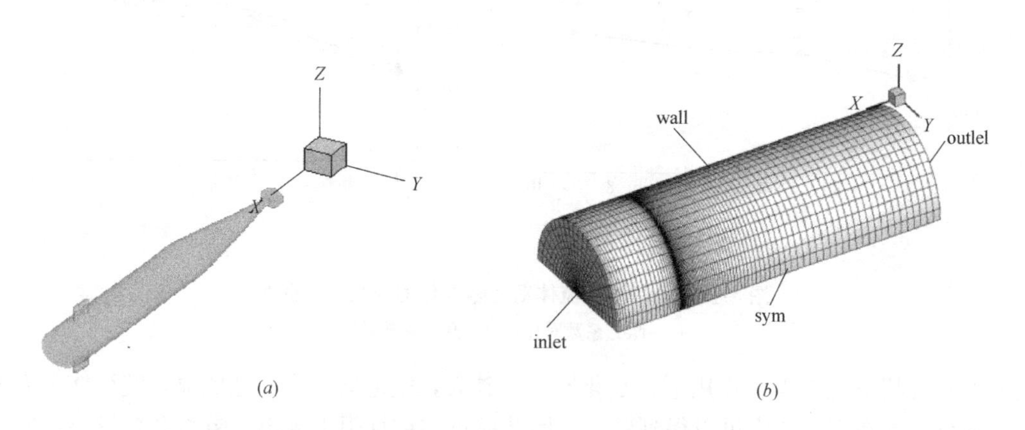

图 4-15 物理模型与计算域网格示意图

(a) 空化器变攻角物理模型；(b) 计算域与网格示意图

4.3.2 空化器变攻角对非定常空泡流特性研究

1. 空化器定攻角流体动力特性研究

本节首先对通气空化下，空化器定攻角非定常空泡流进行数值计算，并对数值结果与试验结果进行对比分析。

图 4-16 (a) 给出了空化器定攻角试验结果与数值结果阻力系数对比曲线。在试验过程中，空化器为 0°攻角时，航行体阻力系数最大，随空化器攻角增大，航行体阻力系数减小，这是由于空泡由于受到重力的影响，尾部出现上漂，随空化器攻角增大，空泡上漂减弱，航行体沾湿面积减小，航行体粘性阻力减小；同时，空化器攻角增大，空化器在迎流面的投影面积减小；航行体总的阻力系数减小。在数值模拟过程中，空化器为 0°攻角时，航行体阻力系数最小，随空化器攻角增大，航行体阻力系数增大，这是由于航行体没有考虑重力影响，因此不存在空泡形态上漂，空化器为 0°攻角时，航行体完全被超空泡包裹，航行体阻力系数最小；随空化器攻角增大，航行体尾部沾湿面积增大，航行体粘性阻力增大，航行体阻力系数增大。

图 4-16 (b) 给出了空化器定攻角试验结果与数值模拟结果升力系数对比曲线。在试验过程中，空化器为 0°攻角时升力系数最大，随空化器攻角增大，航行体升力系数减小，这是由于空化器攻角增大，空泡上漂减弱，航行体下表面沾湿面积减小，航行体上下表面沾湿面积差减小，航行体上下表面压力差减小，航行体升力系数减小；在数值模拟过程中，航行体升力系数基本保持不变，这是由于空化器攻角为 0°时，航行体完全被超空泡包裹，没有考虑重力影响，超空泡形态对称，航行体升力系数最小，随空化器攻角增大，航行体尾部部分沾湿，航行体升力系数基本保持不变。

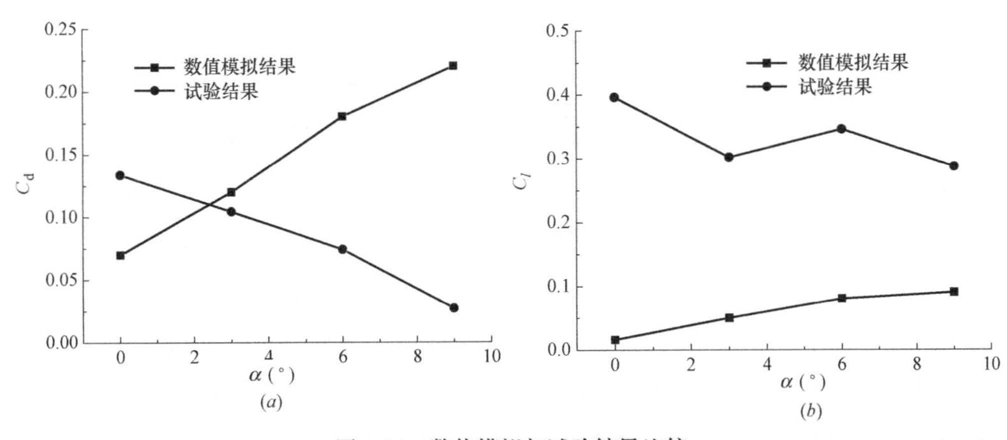

图 4-16　数值模拟与试验结果比较

(a) 阻力系数曲线；(b) 升力系数曲线

2. 局部空泡流状态下空化器变攻角

本节根据空泡尺寸不同，空泡特性存在差异，分别对超空泡与局部空泡状态下空化器攻角对非定常空泡特性影响进行了研究。通过数值模拟研究得到了自然空泡状态下，空化器攻角变化对空泡形态的影响。并在空化器定攻角条件下与空化器变攻角条件下，对局部空泡形态进行了对比，表 4-3 分别给出了局部空化时空化器定攻角与变攻角空泡形态变化。由表 4-3 中可以看出空泡形态随空化器攻角增大，航行体头部空泡与尾部空泡尺寸逐渐减小，航行体头部空泡上下呈非对称性，航行体尾部空泡向下弯曲，定攻角空泡尺寸明显小于变攻角空泡尺寸。超空泡直径可以表示为空化器直径的函数，$D_c = D_n f_1(\sigma, Re, We, St, Fr)$，在空化数不变的条件下，空化器直径越小空泡直径越小。对于表 4-3 给出的空泡形态，主要由于空化器攻角增大时，空化器在迎流面投影面积减小，有效空化器尺寸减小，因此在相同速度下空泡尺寸减小。而对于航行体头部空泡的非对称性现象，可结合图 4-17 流场压力分布进行解释，由于空化器攻角增大，航行体上表面肩部形成高压区空泡减小，下表面压力减小至饱和蒸汽压附近，使空泡增大，从而空泡呈上下非对称性。航行体尾部空泡向下弯曲的现象可以根据动量定理进行分析，当横向力作用在航行体尾部的冲量与空泡尾流中的动量相当时（大小相等，方向相反），航行体尾部受力向上，空泡轴线必然向下偏移。空化器定攻角空泡尺寸大于变攻角空泡尺寸，该现象主要由于空化器变攻角过程对空泡流场影响较大，空泡形态存在时间滞后，空泡形态非定常变化。

局部空泡空化器定攻角与变攻角含气量等值图　**表 4-3**

攻角	定攻角含气量等值图	变攻角含气量等值图
0°		
6°		

续表

攻角	定攻角含气量等值图	变攻角含气量等值图
12°		
18°		
24°		
30°		

图 4-17 分别给出了空化器定攻角流场压力云图，图 4-17（a）为空化器为 0°攻角时流场压力云图，航行体上下表面流场压力对称，空化器前端形成高压区，空化器后端形成低压区，形成头部局部空泡；航行体尾部出现低压区，形成尾部空泡。图 4-17（b）为空化器 15°攻角时流场压力云图，航行体肩部出现高压区，抑制了头部空泡的发展，头部空泡出现上下不对称，航行体上部空泡较小，下部空泡相对较大。

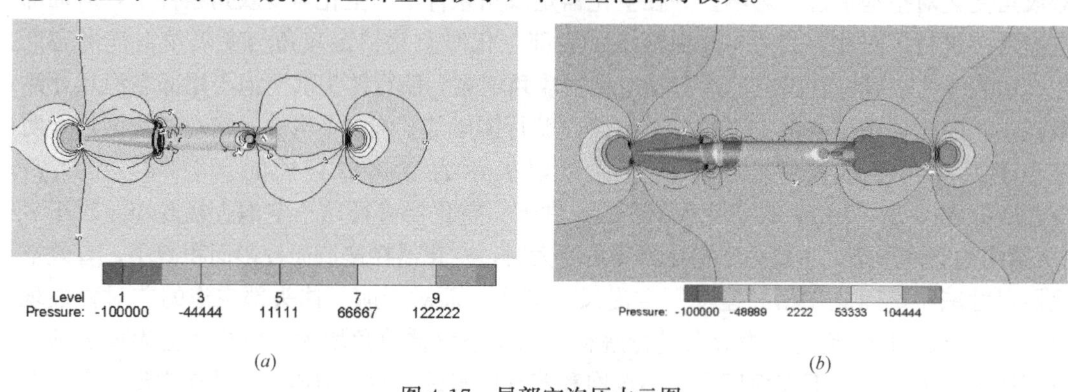

图 4-17 局部空泡压力云图

（a）空化器 0°攻角压力云图；（b）空化器 15°攻角压力云图

图 4-18 分别给出了局部空泡空化器定攻角与变攻角航行体流体动力变化规律。其中，图 4-18（a）给出了航行体阻力系数随空化器攻角变化规律，由图中可以看出，航行体阻力系数随空化器攻角增大而减小，空化器变攻角状态下阻力系数明显大于定攻角状态下阻力系数，且在空化器小攻角条件下航行体阻力系数相差较大。图 4-18（b）给出了航行体升力系数随空化器攻角变化规律，由图中可以看出，航行体升力系数随攻角增大而增大，空化器变攻角状态下升力系数小于定攻角状态下升力系数。结合空泡形态变化及流场压力分布图 4-17 可知，随着空化器攻角增大，空泡尺寸减小，航行体沾湿面积增大，粘性阻力增大，但由于空化器迎流面投影面积减小，航行体总的阻力系数减小。同时，随空化器攻角增大，航行体上表面压力增大，航行体头部空泡减小，航行体沾湿面积增大，航行体上下表面压力具有不对称性，上表面压力增大，下表面压力减小，因此升力增大。同时，由于空化器攻角运动引起流场突变较大同时受空泡形态滞后影响，所以小攻角状态下航行

体变攻角阻力系数大于定攻角状态下阻力系数。随攻角增大，流场趋于稳定，阻力系数接近相同。

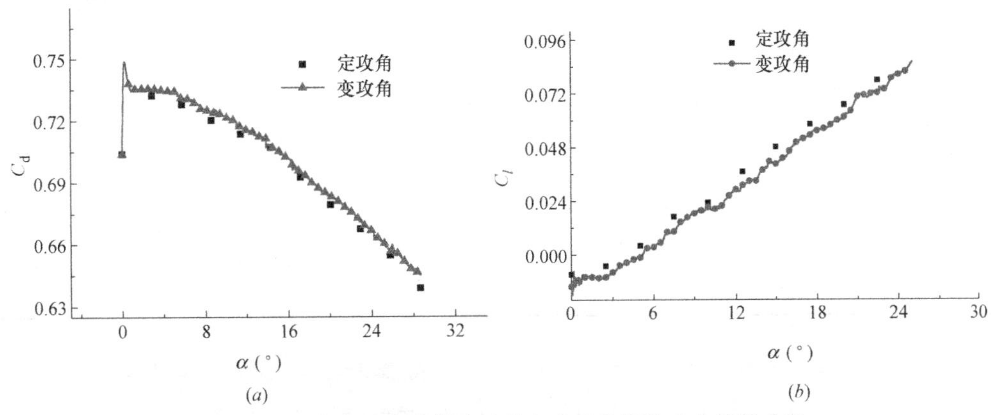

图 4-18　局部空泡空化器定攻角与变攻角流体动力特性曲线

(*a*) 阻力系数曲线；(*b*) 升力系数曲线

3. 超空泡流状态下空化器变攻角

航行体在超空泡状态下由于气体完全包裹，航行体流体动力特性在全沾湿与局部空泡状态下存在明显差异，本节对超空泡状态下空化器攻角对空泡形态及流体动力影响进行了研究。

通过分别对超空泡状态下，空化器定攻角与变攻角空泡形态进行数值模拟，得到了空泡形态变化规律与航行体流体动力变化规律。首先对空化器定攻角与变攻角条件下空泡形态进行了对比分析。

表 4-4 给出了超空泡状态下空化器定攻角与变攻角运动空泡形态变化情况。由表 4-4 中可以看出，当空化器攻角增大时，超空泡尺寸明显减小，由于空化器迎流面积减小，所以相同流速下超空泡尺寸明显减小。当空化器攻角较小时，超空泡形态对称，由于空化器攻角较大，航行体接触空泡表面，空泡形态呈非对称性。结合压力云图 4-19 可以看出，当空化器攻角较大时，空化器上表面形成高压区，特别是航行体锥柱结合处与航行体尾翼压力较大，自然空化减弱，而航行体下表面压力较小，自然空化加强，形成超空泡上下不对称。当空化器攻角相同时，空化器变攻角空泡尺寸略大于空化器定攻角空泡尺寸。由于空化器变攻角变化引起流场脉动较大，空化形态不稳定，因此与空化器定攻角比较时，空泡尺寸略小。

超空泡空化器定攻角与变攻角含气量等值图　　　**表 4-4**

攻角	定攻角含气量等值图	变攻角含气量等值图
0°		
2°		

续表

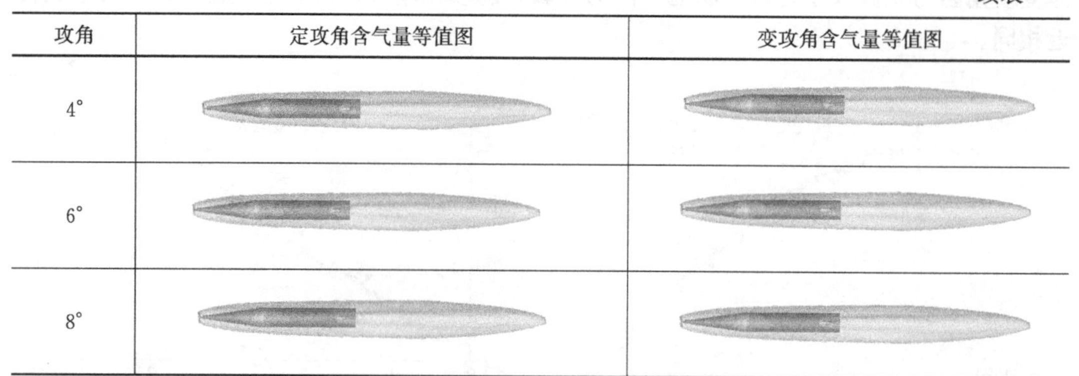

攻角	定攻角含气量等值图	变攻角含气量等值图
4°		
6°		
8°		

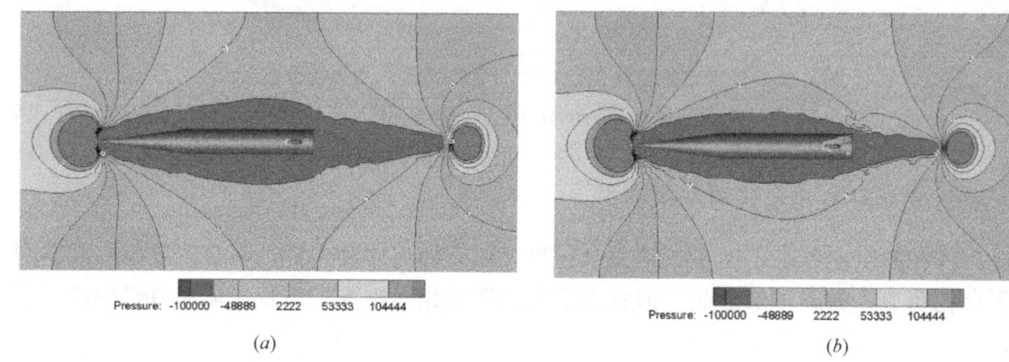

(*a*) (*b*)

图 4-19 超空泡压力云图

(*a*) 空化器 0°攻角压力云图；(*b*) 空化器 4°攻角压力云图

图 4-20 分别给出了超空泡状态下，空化器定攻角与变攻角条件下，航行体流体动力变化曲线。其中，图 4-20（*a*）为航行体阻力系数随空化器攻角变化规律曲线。由图中可以看出，当空化器攻角小于 3°时，阻力系数随空化器攻角增大缓慢增加；当空化器攻角超过 3°时，阻力系数迅速增大。这是由于在空化器攻角较小的情况下，空泡几乎完全包裹航行体，随空化器攻角增大，航行体尾部空化减小，压差阻力改变，航行体阻力系数缓慢增加。在空化器攻角较大的情况下，航行体上表面沾湿，下表面被空泡包裹，航行体粘性阻力迅速增大，航行体阻力系数增大。由图中还可以看出，当空化器攻角小于 3°时，空化器定攻角与变攻角条件下，航行体阻力系数基本相同；当空化器攻角超过 3°时，空化器定攻角阻力系数变化较大。由于航行体攻角变化，引起流场发生改变，导致空泡形态脉动较大，航行体上表面沾湿面积不同，航行体粘性阻力变化较大，航行体阻力系数变化较大。

图 4-20（*b*）给出了航行体升力系数随空化器攻角变化规律曲线。由图中可以看出，当空化器攻角小于 3°时航行体升力系数随攻角增大而增大，空化器攻角大于 3°时航行体升力系数随攻角增大而减小。结合表 4-4 与流场压力云图 4-19 可知，当空化器攻角较小时，航行体几乎被空泡完全包裹，升力主要由空化器产生；随着空化器攻角的增大，空化器受力升力方向分量逐渐增大，航行体升力系数亦随之增大。当空化器攻角较大时，航行体上表面部分沾湿，下表面完全包裹，上表面压力较大，下表面压力较小，且随着空化器攻角的增大，航行体上表面沾湿面积逐渐增大，但航行体浮力系数随之减小。由图中还可

以看出，当航行体小攻角小于 3°时，空化器定攻角与变攻角条件下，航行体升力系数基本一致；当空化器攻角大于 3°时，变攻角空化器，航行体升力系数较大。该现象主要由于当空化器攻角较小时，升力由空化器攻角决定，所以升力系数相同；然而，当空化器攻角较大时，空化器变攻角引起空泡形态变化较大，航行体上表面沾湿面积不同，航行体沾湿面积越大，航行体升力系数较大。

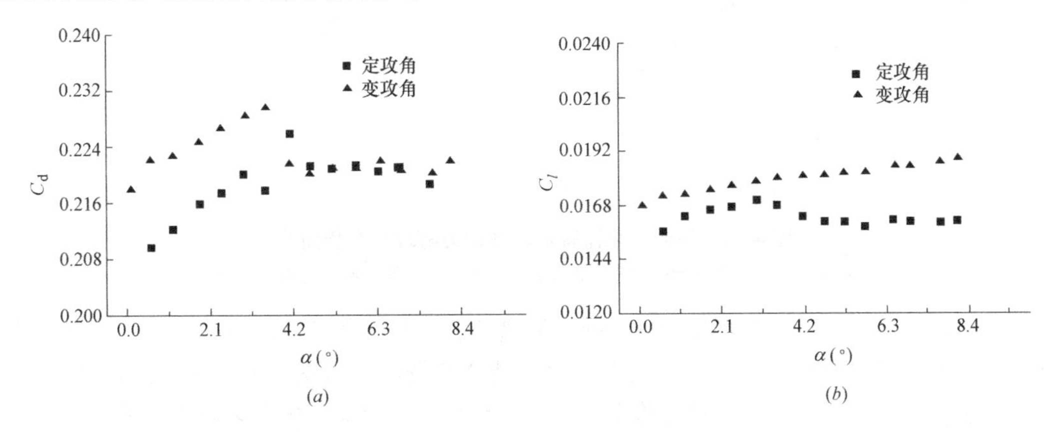

图 4-20　超空泡空化器定攻角与变攻角条件下流体动力对比

(*a*) 阻力系数曲线；(*b*) 升力系数曲线

4.3.3　空化器转速对非定常空泡流特性影响研究

为进一步研究空化器攻角角速度对航行体流体动力影响，本节分别对角速度 $\omega_1=0.001\mathrm{rad/s}$、$\omega_2=0.01\mathrm{rad/s}$ 及 $\omega_3=0.1\mathrm{rad/s}$ 三种不同工况进行了数值研究。

图 4-21 分别给出了空化器角速度不同条件下，航行体阻力系数、升力系数随空化器攻角变化规律曲线。由图中可以看出，随空化器攻角增大，阻力系数减小，小攻角条件下偏转速度越大阻力系数越大。该现象主要由于空化器攻角越大，航行体沾湿面积越小，航行体上下表面压差越大，航行体阻力增大。在空化器攻角变化初期，由于空化器攻角小，引起空泡形态与流场压力变化越大，所以航行体阻力差别较大。随攻角增大，空化器偏转引起空泡形态与流场压力变化减弱，航行体阻力近似一致。由于空泡形态上下不对称性与航行体上下表面压力差减小，因此升力系数随攻角增大而增大，且空化器转速对航行体升力系数影响较小。

4.3.4　空化器攻角周期变化非定常空泡流特性研究

1. 局部空泡流状态下

前文主要研究了空化器攻角、空化器转速对空泡形态与流体动力特性的影响，可以看出空化器攻角变化对航行体流体动力影响较大，有可能产生航行体不稳定的力与力矩，有必要对空化器攻角变化进一步研究，因此本节主要对空化器攻角周期性变化空泡形态和流体动力进行研究。

首先对局部空泡流状态下，空化器攻角连续周期性变化、空泡形态进行分析。表 4-5 给出了空化器攻角变化一个周期内空泡形态变化过程图，可以看出在空化器攻角周期性变

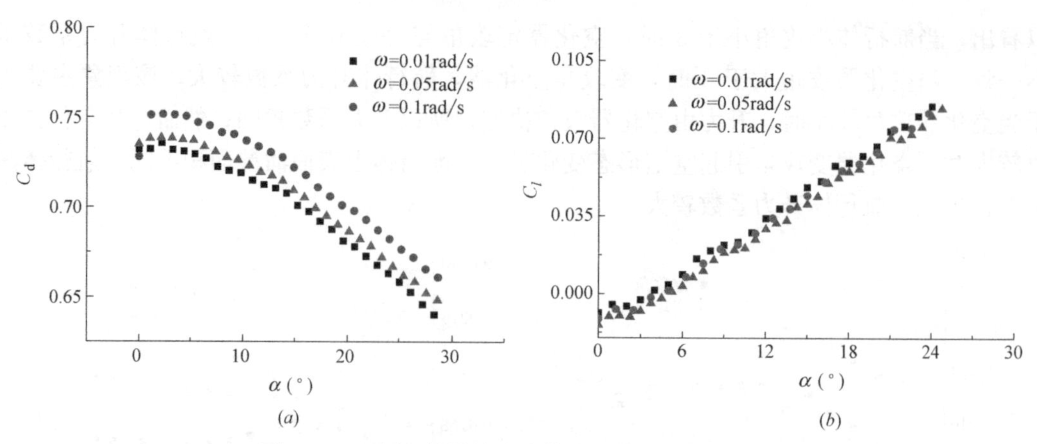

图 4-21 不同空化器转速流体动力随攻角变化曲线

(a) 不同空化器转速阻力系数对比；(b) 不同空化器转速升力系数对比

化过程中，航行体空泡形态呈规律性变化。随着空化器攻角单调递增时，航行体头部空泡对航行体上表面包裹减小，下表面包裹增大。结合流场压力云图 4-22 可以看出，局部空泡状态下，空化器攻角增大，航行体上表面压力增大，所以航行体上表面空泡减小，同时航行体下表面压力减小，下表面空泡增大。当空化器攻角单调递减时，航行体头部空泡对航行体上表面包裹增大，下表面包裹减小。航行体上表面压力减小，上表面空泡增大，航行体下表面压力增大，下表面空泡减小。当空化器攻角为正时，航行体头部空泡对航行体上表面包裹小于下表面。航行体上表面锥柱结合处形成高压区，航行体头部空泡对航行体的包裹上表面小于下表面。航行体尾部空泡形态上漂，同时尾部涡流由对称内漩涡向非对称下漩涡发展，攻角变大，尾部下漩涡越强。反之当空化器攻角为负时，航行体头部空泡对航行体上表面包裹大于下表面。航行体下表面锥柱结合处形成高压区，航行体头部空泡对航行体的包裹上表面小于下表面。航行体尾部空泡形态下漂，同时尾部涡流由对称内漩涡向非对称上漩涡发展，随攻角变大，尾部上漩涡越强。

局部空泡空化器攻角周期变化含气量等值图 **表 4-5**

攻角	变攻角含气量等值图
0°	
5°	
10°	
0°	
−10°	

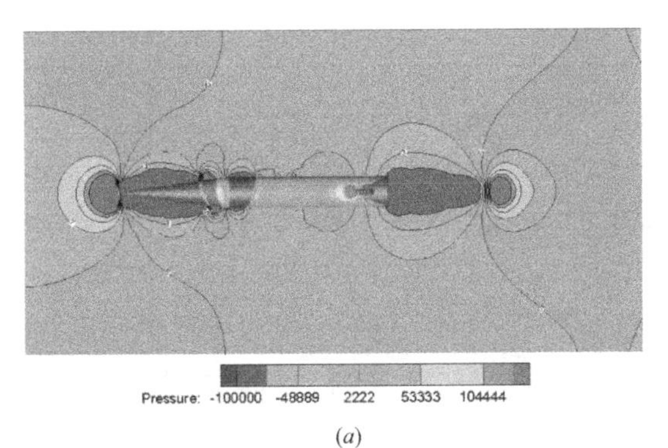

(*a*)

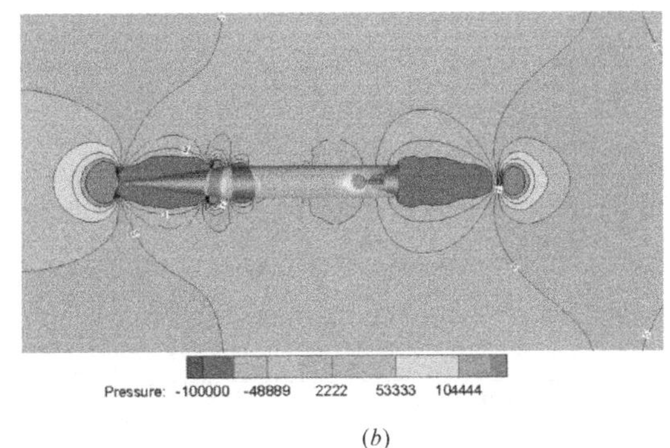

(*b*)

图 4-22　局部空泡压力云图

(*a*) 10°空化器攻角压力云图；(*b*) －10°空化器攻角压力云图

图 4-23 分别给出了局部空泡空化器攻角周期性变化流体动力特性曲线。其中，图 4-23 (*a*) 为空化器攻角与航行体阻力系数随时间变化规律曲线。由图中可以看出，空化器攻角为 0°时，航行体阻力系数最大；空化器攻角为正负极值时，航行体阻力系数最小；空化器攻角为正，随空化器攻角增大航行体阻力系数变小，空化器攻角减小航行体阻力系数变大；空化器攻角为负时，随空化器攻角角度增大航行体阻力系数减小，随空化器攻角角度减小航行体阻力系数增大。这是由于航行体被局部空泡包裹时，空化器攻角变化对空泡形态影响较小，航行体沾湿面积变化较小，航行体粘性阻力基本不变，航行体的总的阻力系数由空化器迎流面投影面积决定，迎流面积越大，阻力系数越大。结合空泡形态表 4-5，也能说明航行体阻力系数变化规律。

图 4-23 (*b*) 为空化器攻角与升力系数随时间变化曲线。空化器攻角为 0°时，航行体升力系数为 0；空化器攻角为正向最大值时，航行体升力系数最大；空化器攻角为负向最大值时，航行体升力系数最小；航行体升力系数变化规律与空化器攻角变化规律相一致。这主要是由于局部空泡状态下，空化器攻角变化对空泡形态影响较小，航行体升力系数由作用在空化器表面作用力垂直分量大小与方向决定，空化器攻角越大，空化器表面作用力垂直分量越大。空化器攻角为正，垂直分力方向向下，航行体升力系数减小；空化器攻角为负，垂直分力方向向上，航行体升力系数增大。结合空泡形态表 4-5，可以看出当空化器攻角为正时，攻角增大，航行体头部空泡对航行体上表面包裹减小，航行体上表面压力增大，航行体升力增大。当空化器攻角为负时，攻角增大，航行体头部空泡对航行体下表面包裹减小，航行体下表面压力越大，航行体升力系数减小。

2. 超空泡流状态下

对比前文，空化器攻角变化过程，局部空泡状态下与超空泡状态下，空泡形态变化规律与流体动力变化规律完全不同，所以对空化器攻角连续变化过程，局部空泡与超空泡状态分别进行研究。

通过数值模拟超空泡状态下空化器攻角连续周期性变化，得到了空泡形态变化与航行体流体动力变化规律，下面分别对空泡形态变化与航行体流体动力变化规律进行分析。

表 4-6 给出了超空泡状态下空化器攻角变化一个周期内空泡形态变化过程图，可以看出空化器攻角周期性变化过程中，航行体空泡形态规律性变化。当空化器攻角单调递增

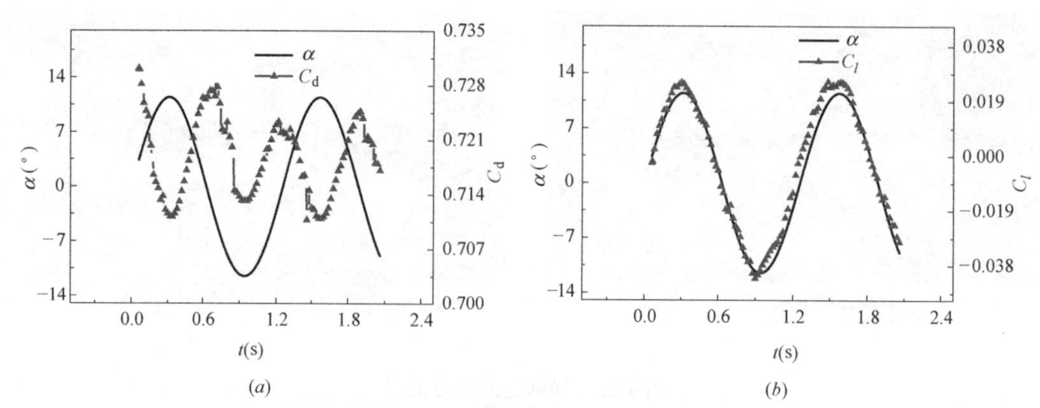

图 4-23　局部空泡空化器攻角与流体动力变化规律

(a) 空化器攻角与阻力系数时变历程；(b) 空化器攻角与升力系数时变历程

时，航行体尾部空泡对航行体上表面包裹减小，下表面包裹增大。结合流场压力云图图 4-24 可以看出，局部空泡状态下，空化器攻角增大，航行体上表面压力增大，所以航行体上表面空泡减小，同时航行体下表面压力减小、空泡增大。当空化器攻角单调递减时，航行体尾部空泡对航行体上表面包裹增大，下表面包裹减小。航行体上表面压力减小、空泡增大，航行体下表面压力增大、空泡减小。由图中还可以看出，当空化器攻角为正时，航行体尾部空泡对航行体上表面包裹小于下表面。航行体尾部空泡对航行体的包裹上表面小于下表面。航行体尾部空泡形态上漂，尾部涡流由对称内漩涡向非对称下漩涡发展，攻角变大，尾部下漩涡越强。当空化器攻角为负时，航行体头部空泡对航行体上表面包裹大于下表面。航行体下表面锥柱结合处形成高压区，航行体头部空泡对航行体的包裹上表面小于下表面。航行体尾部空泡形态下漂，尾部涡流由对称内漩涡向非对称上漩涡发展，随攻角变大，尾部上漩涡越强。

超空泡空化器攻角周期变化含气量等值图　　**表 4-6**

攻角	空化器变攻角含气量等值图
0°	
3°	
0°	
−3°	
−6°	
0°	

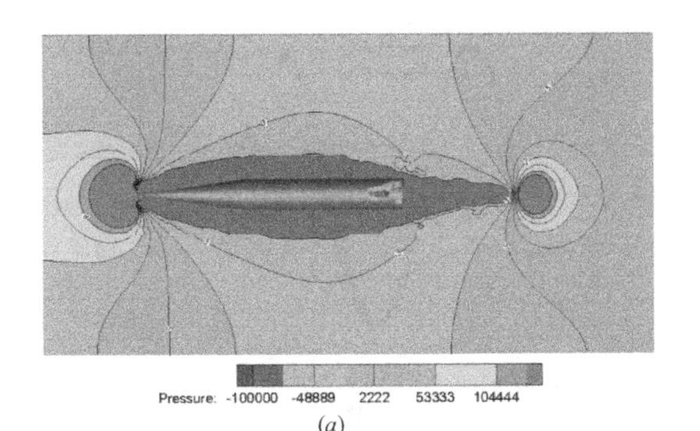

(*a*)

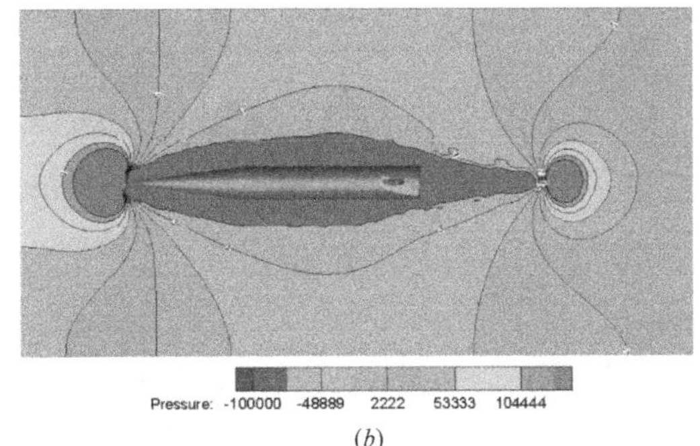

(*b*)

图 4-24　超空泡压力云图

(*a*) 4°空化器攻角压力云图；(*b*) −4°空化器攻角压力云图

图 4-25 给出了空化器攻角周期性变化流体动力变化曲线。由图 4-25（*a*）可以看出，空化器攻角为 0°时，航行体阻力系数最小；空化器攻角为正负极值时，航行体阻力系数最大；航行体阻力系数变化规律落后于空化器攻角变化规律；空化器攻角为正，随空化器攻角增大航行体阻力系数变大，空化器攻角减小，航行体阻力系数变小；空化器攻角为负时，随空化器攻角角度增大航行体阻力系数增大，随空化器攻角角度减小航行体阻力系数减小。航行体阻力系数变化规律落后于空化器攻角变化规律，这是由于空泡形态变化总是滞后于空化器攻角变化。空化器攻角达到极大值后，航行体阻力系数达到极大值。空化器攻角较小，航行体完全被超空泡包裹，航行体阻力系数由空化器在迎流面投影面积决定，所以空化器攻角增大，航行体阻力系数小幅减小。空化器攻角较大，航行体尾部出现沾湿，航行体阻力系数由沾湿面积决定，空化器攻角增大，尾部沾湿面积越大，航行体阻力系数迅速增大。结合空泡形态表 4-6 可以看出，随空化器攻角增大，航行体肩部形成高压区，增大了压差阻力，总阻力系数增大。对比图 4-25（*a*）、图 4-23（*a*）超空泡状态下与局部空泡状态下航行体阻力系数变化规律，可以看出航行体被局部空泡包裹阻力航行体阻力系数较大，航行体被超空泡完全包裹，航行体阻力系数变化很小。

图 4-25（*b*）为空化器攻角与升力系数随时间变化曲线。空化器攻角为 0°，航行体升力系数为 0；空化器攻角为正向最大值时，航行体升力系数最大；空化器攻角为负向最大值时，航行体升力系数最小；航行体升力系数变化规律与空化器攻角变化规律相一致。这主要是由于超空泡状态下，空化器攻角变化对空泡形态影响较小，航行体升力系数由作用在空化器表面作用力垂直分量大小与方向决定，空化器攻角越大，空化器表面作用力垂直分量越大。空化器攻角为正，垂直分力方向向下，航行体升力系数减小；结合空泡形态表 4-6，还可以看出空化器攻角为正，攻角增大，航行体头部空泡对航行体上表面包裹减小，航行体上表面压力增大，航行体升力减小。当空化器攻角为负时，攻角增大，航行体头部空泡对航行体下表面包裹减小，航行体下表面压力越大，航行体升力系数越大。对比图 4-25（*b*）、图 4-23（*b*）超空泡状态下与局部空泡状态下航行体升力系数变化规律，可以看出航行体由于被超空泡完全包裹，因此超空泡状态下，航行体升力系数变化很小，无论是局部空泡状态还是超空泡状态，航行体升力系数变化规律与空化器攻角变化规律相一致，航行体升力系数由空化器表面作用力大小与方向决定。

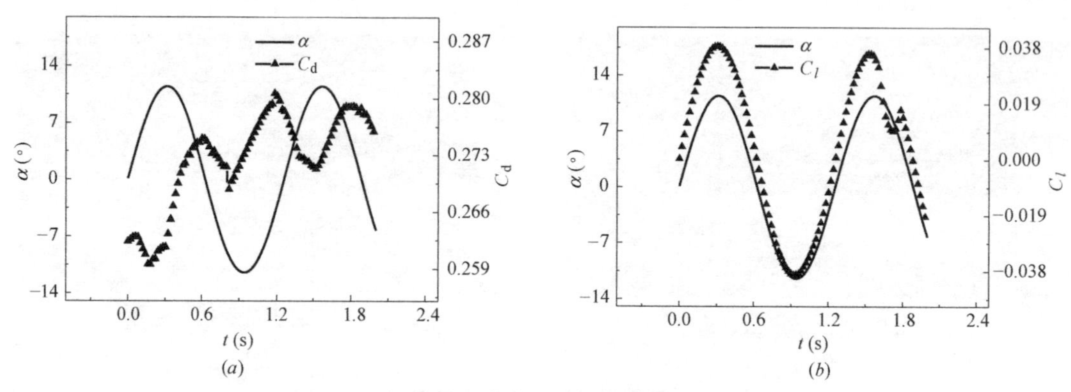

图 4-25 超空泡空化器攻角与流体动力变化规律

(*a*) 空化器攻角与阻力系数时变历程；(*b*) 空化器攻角与升力系数时变历程

4.4 本章小结

本章分别通过水洞试验与数值模拟研究了空化器攻角对空泡形态与流体动力的影响，并对比分析了空化器有后体与无后体空化器攻角对空泡特性的影响。得到的研究结论如下：

(1) 通过对试验结果分析，在无空泡状态下，空化器攻角越大航行体阻力系数越大，升力系数越大。在通气超空泡条件下，空化器攻角越大，阻力系数越小，升力系数越小。

(2) 航行体被局部空泡包裹，随空化器攻角增大航行体阻力系数减小、升力系数增大；航行体被超空泡包裹，随空化器攻角越大航行体阻力系数越大、升力系数越大。

(3) 小攻角条件下转速空化器转速越大阻力系数越大，随攻角增大，空化器偏转引起空泡形态与流场压力变化减弱，航行体阻力近似一致，且空化器转速对航行体升力系数影响较小。

(4) 空化器攻角连续变化，空化器攻角为 0°时，航行体阻力系数最大；空化器攻角为正负极值时，航行体阻力系数最小；空化器攻角为 0°时，航行体阻力系数最小；空化器攻角为正负极值时，航行体阻力系数最大；航行体阻力系数变化规律落后于空化器攻角变化规律。

第 5 章　航行体攻角流场特性的影响

5.1 引　　言

航行体水下高速航行时，局部压力下降低至水的饱和蒸汽压强并持续一定时间后，会产生自然空泡附着在航行体表面。在运动过程中，附着在航行体表面的自然空泡会发生溃灭。在这一过程中，速度和压力等流场参数剧烈变化，使结构运动外载荷环境急剧恶化。然而穿越水面过程的空泡溃灭是非常复杂的物理现象，无论是试验研究或理论数值模拟，都具有相当的难度，在国内外都是尚未很好解决的问题。

本章主要基于前文中所述的均质平衡流模型和空化模型，对航行体运动过程自然空泡流场特性进行了数值研究。首先，基于理想球形空泡溃灭理论，分析了自然空泡的溃灭特性；然后，数值模拟了运动过程中自由液面变化及其所引起的肩部自然空泡溃灭过程，分析了空泡数、航行体攻角对运动空泡流场的影响。

5.2 计算模型

值得注意的是空泡流具有强非线性和瞬态特性。即使匀速运动状态下，流场的速度和压强等参数也不完全呈轴对称分布。由于潜射平台本身存在一定的牵连速度，航行体在水下航行阶段并不是始终保持水平状态。在更多情况下，航行体是以一定角度倾斜，其流场变化与水平过程相比较有较多的不同之处。

对航行体倾斜的状态进行了简化，认为航行体的运动速度仍然水平向上，只是航行体轴线偏离水平方向形成了一定的攻角。为了分析航行体攻角对流场的影响，建立了相应的计算模型，如图 5-1 所示。航行体直径为 d，计算域的半径和长度分别为 $10.5d$ 和 $12.5d$，网格数量为 77.8 万。

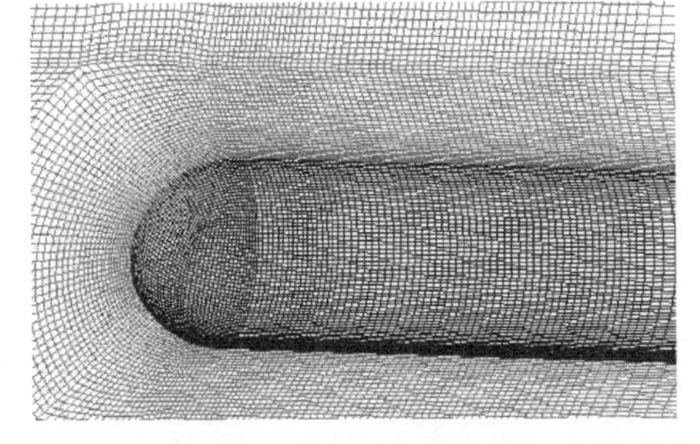

图 5-1　攻角条件下水下航行体模型头部网格

5.3 结果分析

为研究攻角对过程空泡流场的影响，分别模拟了航行体以 2.50°、3.75°和 5.00°攻角的过程。其中，过程中自由液面、空泡轮廓及压力分布情况如图 5-2 所示。

如图 5-2 所示，在过程初始时刻（$St=0.00$），空泡形状及压力分布均呈现非对称性。在航行体迎水面，由于航行体表面向外偏离流线的幅度较小，故压力梯度变化较小。表现为迎水面低压区域较小，空泡厚度较薄。在航行体背水面，由于航行体表面向外偏离流线的幅度较大，故压力梯度变化较大，空泡厚度较大，但由于空泡受其尾部形成较强烈回注水流的卷吸作用，空泡长度较短。

对比不同攻角的过程可观察到，空泡形态及压力分部的非对称性有随着攻角增大而加剧的趋势。其中较为明显的是空泡迎水面与被水面溃灭消失的时刻存在差异。如当航行体以攻角 5.00°运动时，迎水面空泡溃灭时刻为 $St=0.87$ 略早于 2.50°的 $St=1.00$。当航行体以攻角 5.00°运动时，背水面空泡溃灭时刻为 $St=1.09$ 略晚于 2.50°的 $St=1.05$。产生这种差异的原因可归纳为航行体迎水面与被水面偏离来流的程度不同产生了空化能力的差异。而攻角的增加进一步加剧了这种差异，攻角越大被水面的空泡厚度越大，溃灭消失的时刻越晚；攻角越大迎水面的空泡厚度越小，溃灭消失的时刻越早。

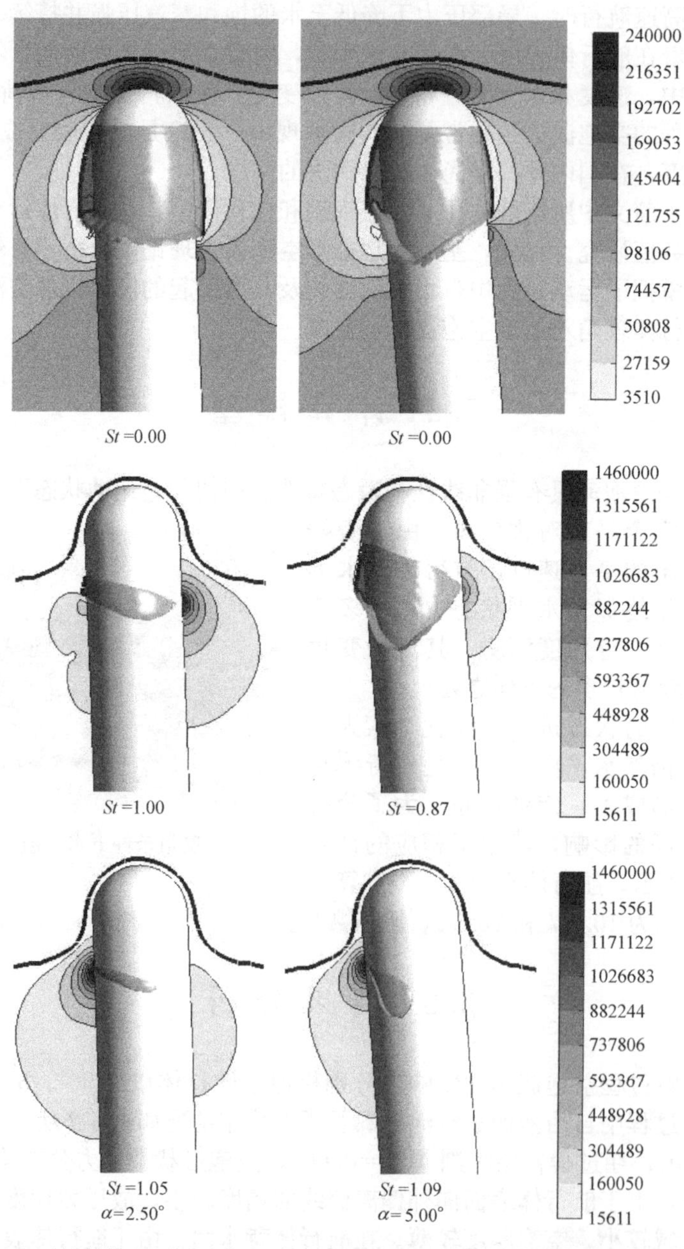

图 5-2 水下航行体以不同攻角运动过程的自由液面、空泡轮廓及压力分布（Pa）

在存在攻角的情况下，这种压力分布是非轴对称的，因此在溃灭过程中产生了较大俯仰力矩，如图 5-3 所示。其中 $m_y = 2M_y/\rho SLv^2$ 为俯仰力矩系数，M_y 为俯仰力矩，S 为航行体截面积，$L = 8d$ 为航行体长度。

如图 5-3 所示，运动过程中航行体所受力矩变化曲线表示，在迎水面空泡消失时弯矩急剧增大，并且在背水面空泡溃灭消失时力矩反方向大幅度增大。这种力矩变化不仅对航行体运动弹道有着一定影响，而且对结构强度也是一种考验。

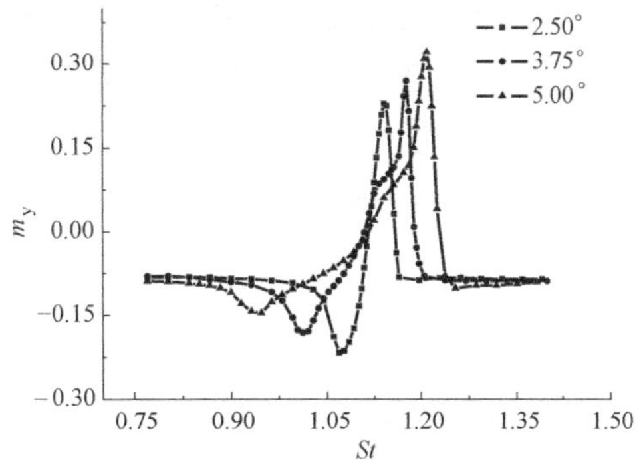

图 5-3　俯仰力矩系数变化曲线

由以上分析可知，较大运动攻角使空泡迎水面溃灭时间提前，使背水面溃灭时间延后。因此，对比不同运动攻角的力矩变化情况，可知较大攻角使力矩的两个反方向峰值之间时间间隔扩大。随着运动攻角增大，空泡迎水面厚度变薄，溃灭时周围水流对航行体表面的冲击减小，表现为迎水面空泡溃灭所形成的力矩有减小的趋势。

通过对有攻角运动过程流场特性的分析可知：在有攻角运动过程中，由于流场及空泡形态的非对称性导致了迎水面和背水面空泡溃灭过程时间上的先后之分。头部空泡溃灭加剧了航行体表面压力分部的非对称性，从而产生了较大的俯仰力矩。空泡迎水面及背水面的溃灭产生两个反方向力矩峰值。随着运动攻角增大，两峰值的时间间隔增大，迎水面空泡溃灭时产生的力矩逐渐减小。

5.4　本章小结

本章主要采用均质平衡流模型对水下航行体运动过程中自然空泡流场变化特性进行了研究，分析了自由液面变化和局部空泡溃灭过程。在此基础上分析了运动空泡数、航行体头形和运动攻角对运动自然空泡流场的影响。通过以上数值模拟分析，得到以下结论：

（1）通过对水下航行体水平运动局部自然空泡运动过程的数值模拟，获得了在不同运动空泡数下空泡形态及流场压力的变化情况。结果表明在航行体运动过程中，空化区域上部水流与航行体的相对运动速度减小，压力升高，导致了空泡区域的收缩和溃灭，引起了压力场的剧烈变化。分析表明较低的空泡数能使空泡溃灭时刻延后，从而使空泡破灭所产生的局部高压点向航行体尾部移动。

（2）通过对不同头形航行体运动过程自然空泡流场的数值模拟，研究了航行体头形对空泡流场特性的影响。结果表明，空化能力较强头形易在航行体头部形成局部空泡并存在运动空泡溃灭现象，压力场变化也较剧烈；对于运动过程中存在肩空泡的不同头形，其空泡流场也会存在差异，如是否存在空泡断裂等现象，并且空化能力较强的头形能使空泡溃灭消失的时刻延后。

（3）通过对不同攻角航行体运动过程自然空泡流场的数值模拟，分析了运动攻角对空泡流场的影响。分析结果表明，带攻角运动空泡溃灭加剧了航行体表面压力分布的非对称性，形成了较大的俯仰力矩；在计算的角度变化范围内，迎水面空泡溃灭时弯矩峰值随攻角增大而减小，峰值间隔时间随攻角增大而增大。

（4）通过对航行体运动过程中肩部空泡流场及其影响因素的综合分析，表明部分航行体头形在水下发射过程中会产生肩部空泡，在运动过程中会发生溃灭，产生类脉冲载荷作用于航行体。受运动攻角及空泡本身瞬态变化特性的影响，空泡在运动过程中的溃灭也将是非对称的，其产生的脉冲载荷也将分迎水面与被水面在不同时刻作用于航行体结构。

第 6 章　尾翼运动非定常空泡流特性研究

6.1　引　　言

超空泡航行体在水中航行时，其尾部只有部分后体和尾翼与水接触，尾翼对航行体的姿态稳定起到了非常重要的作用。并且，超空泡航行体的机动与控制主要是通过改变航行体空化器与尾翼控制面所受的流体动力或力矩来实现的。因此，研究超空泡航行体尾翼的流体动力变化规律是非常必要的。

本章主要研究了尾翼对航行体流体动力的影响，一方面通过水洞试验研究了航行体尾翼楔形角对航行体空泡形态及流体动力的影响；另一方面，通过三维数值仿真研究了水平尾翼安装位置、水平尾翼的弹出运动以及水平尾翼攻角改变对航行体空泡形态及流体动力的影响，并与试验结果进行了对比分析。

6.2　尾翼参数空泡流特性试验研究

由于尾翼外形对超空泡航行体流体动力具有较大影响，因此本章设计了具有不同楔角的楔形尾翼，通过水洞试验探究尾翼及尾翼楔角对超空泡形态及航行体流体动力的影响。本章试验在哈尔滨工业大学水洞中完成，试验设备包括通气控制系统、工作段测试系统、测力系统、照明系统、图像采集系统、各系统均在第 3 章予以介绍，在此不再赘述。

6.2.1　尾翼对空泡流形态及流体动力影响试验研究

为研究尾翼对通气超空泡形态与航行体流体动力影响，试验分别采用有尾翼与无尾翼两种缩比模型。通过改变通气量，得到不同工况下空泡形态与航行体流体动力。试验模型采用的圆盘空化器直径为 20mm、空化器攻角为 0°、水洞试验台工作段流速为 11.92m/s。

首先，对比观察有尾翼和无尾翼模型的通气超空泡形成过程，试验发现，无尾翼模型，通气超空泡形成过程中，空泡迅速增长，通气超空泡尾部完全包裹模型尾部，没有任何阻碍现象。而有尾翼模型，通气超空泡形成过程中，当空泡增长到尾翼附近速度明显减慢，出现阻碍现象，经过一段时间后，才能形成包裹模型尾部的通气超空泡。下面对有尾翼与无尾翼模型，通气超空泡航行体流体动力进行对比分析。

图 6-1 分别给出了有尾翼与无尾翼航行体阻力系数、升力系数随通气率变化曲线。

首先，由图 6-1（*a*）中可以看出有尾翼与无尾翼模型阻力系数随通气率变化趋势基本一致，均呈现出先小幅增大然后迅速减小的趋势，当通气率达到 0.17 后，阻力系数基本为恒定值。对比两条曲线可以看出，当没有产生空泡时，有尾翼模型阻力系数明显大于无尾翼模型阻力系数；该现象主要由于尾翼增加了模型横截面积，增大了压差阻力，同时也增加了沾湿面积，增大了粘性阻力。当无尾翼模型阻力系数达到最小值，而有尾翼模型阻力系数持续减小，下一工况才达到最小值。

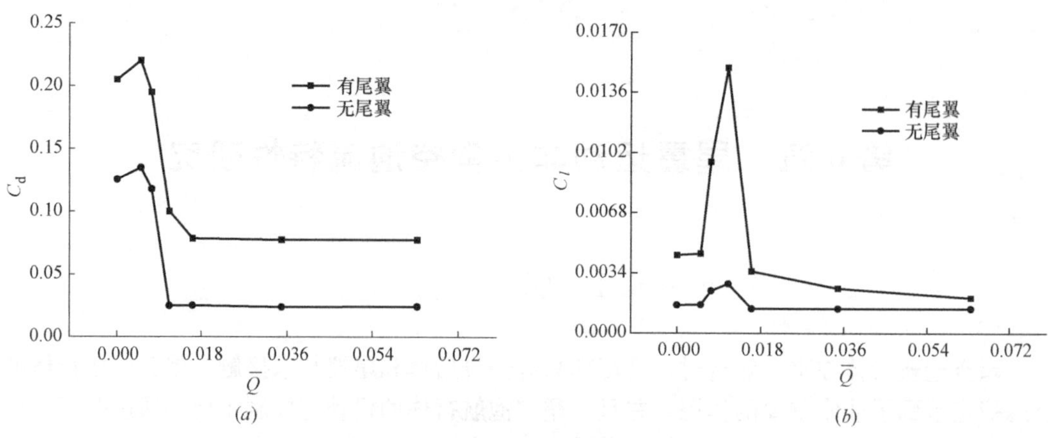

图 6-1　流体动力随通气率变化曲线

(*a*) 阻力系数曲线；(*b*) 升力系数曲线

此外，通过对比观察有尾翼和无尾翼的试验发现，当通气空化数小于临界值，无尾翼模型，空泡迅速增长形成包裹模型的超空泡。而有尾翼模型，当空泡增长到尾翼附近速度明显减慢，下一工况形成包裹模型的超空泡。分析认为，是由于水翼前端形成高压区，阻碍了空泡发展，所以在水翼附近空泡增长速度变缓。而形成包裹模型的超空泡后，模型粘性阻力基本为零，有尾翼与无尾翼模型阻力系数基本相同。有尾翼模型比无尾翼模型阻力系数增大 60%～200%，空泡闭合在尾翼附近模型阻力系数相对增大 200%。

由图 6-1 (*b*) 可以看出，有尾翼模型升力系数大于无尾翼模型升力系数。通气率为零的条件下，两种模型升力差异较大。空泡增长到尾翼附近，模型阻力系数接近最小值，而升力系数达到峰值。有尾翼模型比无尾翼模型升力系数增大 40%～400%，空泡闭合在尾翼附近升力系数相对增大 400%。

通过以上分析可知，当航行体有尾翼时，空泡比较容易在尾翼处闭合，且该闭合形式非常稳定，因此尾翼有利于空泡的稳定；通过总结航行体升力系数和阻力系数可知，尾翼可以有效地提高模型的升力系数，但同时也增大了模型的阻力系数，因此为了获得较为合理的升阻比，需要对具有不同楔角的尾翼进行进一步研究。

6.2.2　尾翼楔角对通气超空泡航行体流体动力影响试验研究

试验采用 0°、3°、6°、9°四种不同楔角尾翼模型，流场压力保持不变，分别对通气量为 $0.5m^3/h$、$1.0m^3/h$、$1.5m^3/h$ 状态下，改变来流速度，通过高速摄像记录同工况下空泡形态，并对航行体流体动力进行测量记录。

通过试验观察空泡形态变化规律，得到尾翼楔形角对通气超空泡形态的影响，表 6-1 给出了不同尾翼楔形角通气超空泡形态对比。从表中可以看出，当形成超空泡状态时，模型尾翼楔形角变化对空泡形态基本无影响。

空泡形态随尾翼楔形角变化规律　　表 6-1

空泡形态	尾翼楔角
	0°

续表

空　泡　形　态	尾翼楔角
	3°
	6°
	9°

通过对试验数据进行整理分析比较得到，尾翼楔角对航行体流体动力影响，下面分别给出了尾翼楔角对航行体阻力系数与升力系数的影响。

图 6-2（a）给出了不同尾翼楔角航行体阻力系数随速度变化规律曲线。可以看出，模型阻力系数随自然空化数减小而减小；相同自然空化数下，尾翼楔角越大，阻力系数越小；楔角越大，阻力系数随自然空化数减少越明显；不同尾翼楔角阻力系数减小 5%～50%，自然空化数越大阻力系数减小效率越大。

图 6-2（b）给出了不同尾翼楔角航行体升力系数随速度变化规律曲线。可以看出，模型升力系数随自然空化数减小而减小；尾翼楔角越大升力系数越大；楔角越大升力系数随自然空化数减小越明显；不同尾翼楔角升力系数增大 200%～1000%，自然空化数越大升力系数增加效率越大。

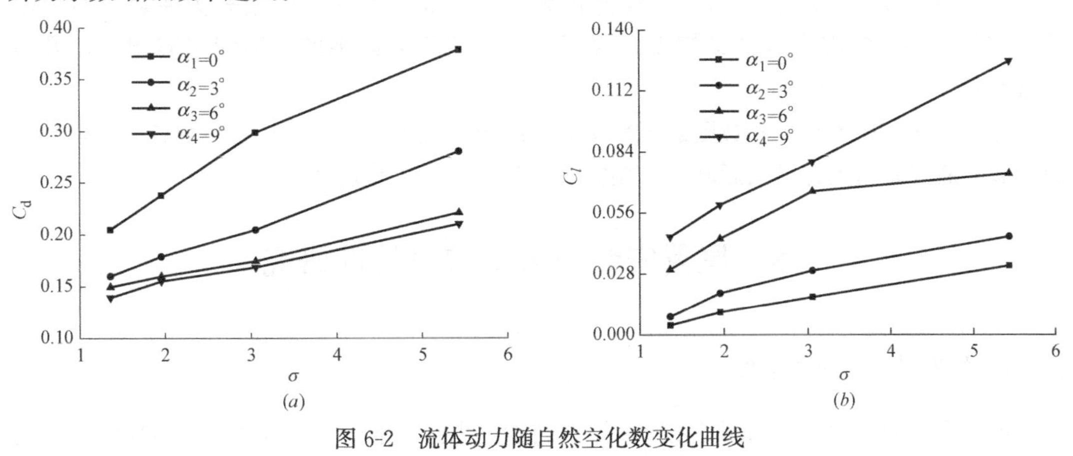

图 6-2　流体动力随自然空化数变化曲线

（a）阻力系数曲线；（b）升力系数曲线

综上所述，模型阻力系数与升力系数随自然空化数减小而减小；尾翼楔角越大，阻力系数越大、升力系数越小。这是由于尾翼楔角越大，尾翼受力水平分量越小，竖直分量越大。所以尾翼形状截面固定，楔角越大，升力系数越大，阻力系数越小，尾翼效率越高。

试验通过改变通气率，记录不同工况下空泡形态，测量流体动力。

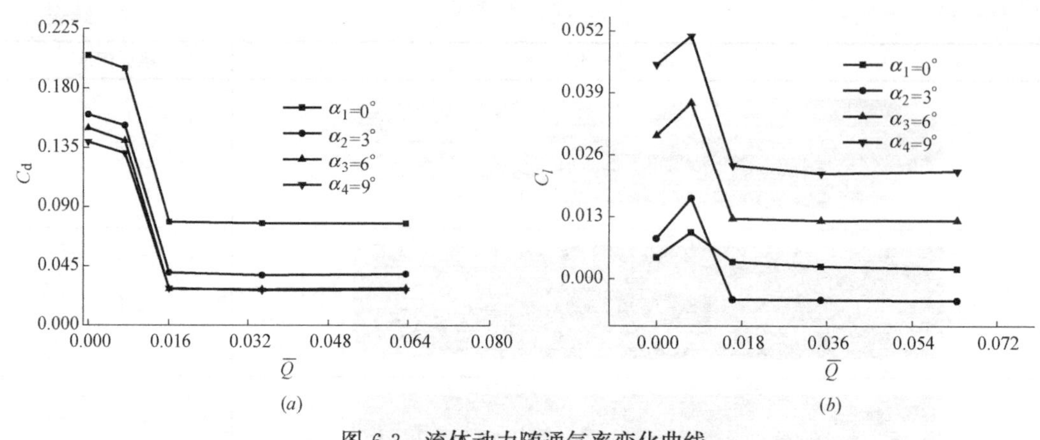

图 6-3 流体动力随通气率变化曲线

(*a*) 阻力系数变化曲线；(*b*) 升力系数变化曲线

图 6-3 (*a*) 给出了不同尾翼楔角下，航行体阻力系数随通气率变化曲线。可以看出，不同尾翼楔角模型阻力系数随通气率变化规律相一致，模型阻力系数随通气率增加不断减小达到最小值；小通气率下，阻力系数减小缓慢；中间阻力系数减小迅速；后段阻力系数最小保持不变；相同通气率下，楔角越大阻力系数越小；不同尾翼楔角，阻力系数减小30%～70%，通气率越大阻力系数减小效率越小。对比试验现象，分析认为小通气率下，空泡较小，模型沾湿面积较大，粘性阻力减小很少，总阻力减小很少。通气率增大，形成超空泡包裹模型，粘性阻力达到最小值，总阻力最小。

图 6-3 (*b*) 给出了不同尾翼楔角，升力系数随通气率变化曲线。可以看出，不同尾翼楔角模型升力系数随通气率变化规律相一致，模型升力系数随通气率增大，升力系数小幅增大后迅速减小，达到最小值；相同通气率下，尾翼楔角越大，升力系数越大。试验分析认为，小通气率下，空泡包裹的不对称性增加了模型升力系数；而随着通气率的增加，空泡完全包裹模型，模型升力系数降为最小值。不同尾翼楔角，升力系数增加 400%～1000%。

综上所述，模型阻力系数随通气率增大而减小，尾翼楔角越大阻力系数越小；模型升力系数随通气率增大先增大后减小，尾翼楔角越大升力系数越大。

6.3 尾翼安装位置空泡流特性研究

6.3.1 物理模型、边界条件

本节采用的物理模型如图 6-4 所示，由圆盘空化器、锥段、柱段和水平尾翼组成，用来研究航行体速度不变时水平尾翼沿弹体运动对空泡特性的影响。图 6-4 为尾翼沿弹体运动前后示意图，L_x 是尾翼后端面距航行体尾端距离。模型最大直径 D，模型总长 $13D$，圆锥段两边直径分别为 $0.5D$、D，长度为 $5D$，圆柱段长度为 $8D$，尾翼高为 $0.5D$，尾翼宽度为 $0.5D$，尾翼厚度为 $0.2D$。计算模型的网格划分采用多块划分方法，计算网格均为六面体结构化网格，在压力梯度变化较大的区域（射弹头部附近及空泡闭合区域附近）对网格进行加密，边界层网格厚度为 1×10^{-4}m，对航行体尾部附近的网格进行了加密处理，网格中间区域为动网格，总网格数为 446770。计算域入口距模型前端 25D，出口距模型尾端 100D。边界条件如图 6-5 所示前端入口为速度入口，出口为压力出口，流域外层设定位壁面，模型表面为无滑移壁面条件。尾翼在水平面内沿航行体轴向安装位置不同，靠近航行体尾部定义为 0。

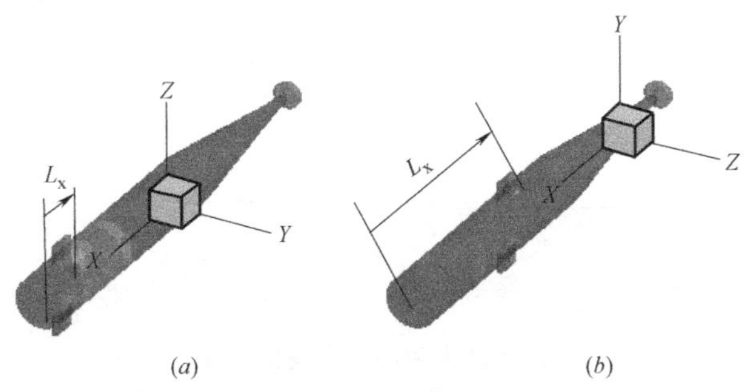

图 6-4　物理模型尾翼安装位置示意图
（a）尾翼安装位置靠后；（b）尾翼安装位置靠前

6.3.2　水平尾翼安装位置对空泡流特性影响研究

本节采用的物理模型如图 6-4 所示，水平尾翼安装位置分别为距航行体尾部 1D、2D、3D、4D，采用定常模拟方式，对来流速度为 60m/s 状态下的航行体空泡形态与流体动力进行数值模拟。

表 6-2 给出了不同水平尾翼位置空泡形态图，可以看出由于水平尾翼距航行体尾端较近，前后空泡连通。尾翼距航行体尾部较远，前后空泡相互独立。尾部空泡由水平尾翼与航行体尾端产生。

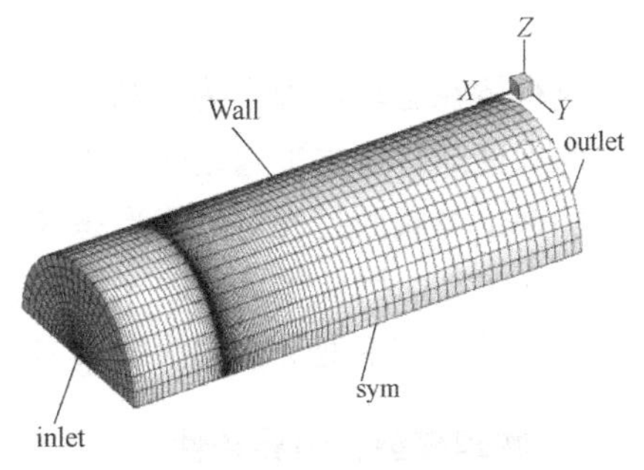

图 6-5　计算域与网格示意图

空泡形态随尾翼安装位置变化规律　表 6-2

尾翼位置	含气量等值图
1D	
2D	
3D	
4D	

水平尾翼安装位置对航行体流体动力影响如图 6-6 所示。可以看出水平尾翼位置距尾端越近，航行体阻力系数越小，但升力系数变化不大。

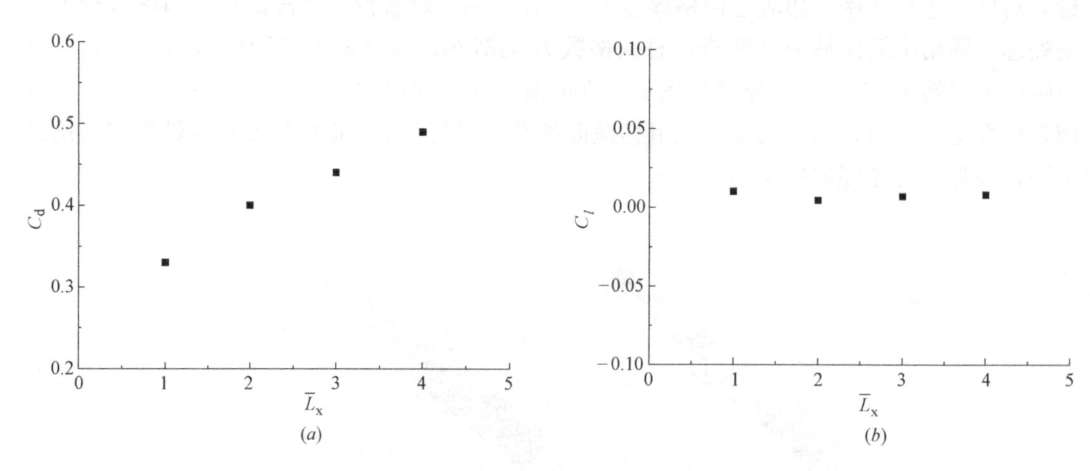

图 6-6 流体动力随尾翼安装位置变化曲线

(*a*) 阻力系数与尾翼位置；(*b*) 升力系数与尾翼位置

6.4 尾翼弹出空泡流特性研究

航行体在运动过程中为保持良好空泡形态减小阻力，水平尾翼通常是吸纳在航行体内，为保证航行体水平稳定时，水平尾翼弹出航行体外，起到水平安定面作用。由于水平尾翼的弹出与收回过程对空泡形态破坏较大，必然会引起航行体流体动力变化，有可能引起航行体失稳。因此本节对水平尾翼弹出与回收过程进行数值模拟，研究水平尾翼弹出与回收时，航行体空泡形态及流体动力变化。

6.4.1 物理模型、边界条件

本节采用的物理模型如图 6-7 所示，其中，图 6-7 (*a*) 为水平尾翼弹出前模型，图 6-7 (*b*) 为水平尾翼弹出后模型。模型尺寸、流场边界条件与网格划分与第 6.3 节相同，仅在尾翼附近采用网格加密，便于采用动网格方式实现水平尾翼弹出。

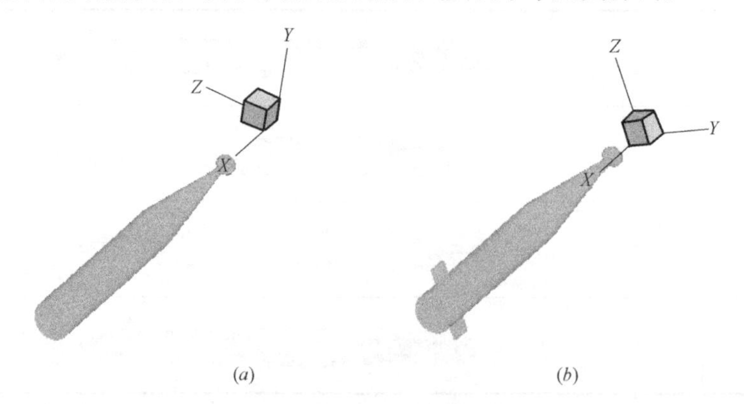

图 6-7 尾翼弹出高度物理模型示意图

(*a*) 尾翼弹出前物理模型；(*b*) 尾翼弹出后物理模型

6.4.2　水平尾翼弹出对空泡流特性研究

通过对水平尾翼沿 Z 轴定速弹出过程进行数值模拟，分别得到了水平尾翼沿 Z 轴弹出过程中尾翼弹出高度与空泡形态、航行体流体动力直接的关系。

首先对水平尾翼 Z 轴弹出高度与空泡形态进行分析，表 6-3 给出了水平尾翼弹出过程空泡形态变化图，其中，$\overline{L_z}$ 表示尾翼弹出高度无量纲化，由公式（6-1）给出；尾翼弹出高度 L_z 为水平尾翼上端面距航行体表面距离。由图中可以看出，尾翼弹出过程中尾翼与空泡接触时尾翼对空泡形态影响较为明显，尾翼后端空泡形态的椭球形逐渐被拉长。

$$\overline{L_z}=\frac{L_z}{D} \tag{6-1}$$

空泡形态随尾翼高度变化规律　表 6-3

弹出高度	含气量等值图
0	
0.2	
0.4	
0.6	
0.8	

图 6-8（*a*）给出了航行体阻力系数与尾翼弹出位置关系曲线，由图中可以看出航行体阻力随尾翼弹出高度的增加而增加，尾翼弹出无量纲高度为 0.2～0.5 之间航行体阻力系数增长较快。该现象由于尾翼弹出增加了航行体在来流方向投影面积，同时尾翼前端面压力增加，航行体压差阻力增大，尾翼沾湿面积增大，粘性阻力增大，同时航行体总阻力增大。结合表 6-3 空泡形态可认为，尾翼与空泡刚接触对空泡形态影响较大，流场扰动剧烈，航行体阻力增加明显。尾翼无量纲高度超过 0.6，航行体阻力系数基本保持恒定，不随尾翼弹出高度增加而增加。结合表 6-3 空泡形态可以看出，尾翼穿越空泡壁面后，由于尾翼空化引起航行体尾部空泡加大，并保持相对稳定，因此航行体阻力系数保持恒定。

图 6-8（*b*）给出了航行体升力系数随水平尾翼弹出高度变化关系曲线，由图中可以看出随尾翼弹出高度增加，航行体升力系数与阻力系数变化规律相一致，先增大后保持恒定，但航行体升力系数总体变化较小。该现象主要由于水平尾翼弹出过程中，尾翼始终被对称空泡包裹，上下沾湿面积相同，上下表面压力相等，所以升力系数变化较小。

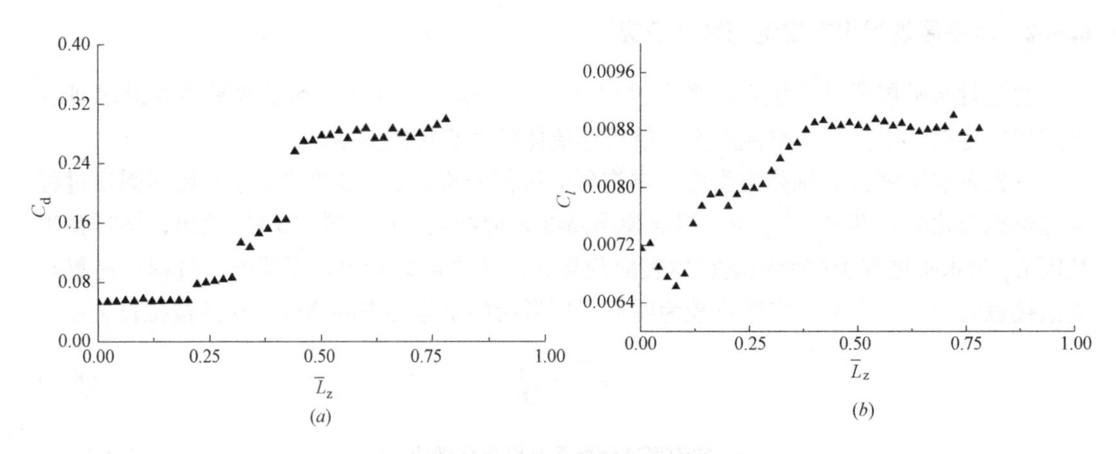

图 6-8　流体动力随尾翼弹出高度变化曲线

(*a*) 阻力系数与弹出高度；(*b*) 升力系数与弹出高度

6.5　尾翼攻角空泡流特性研究

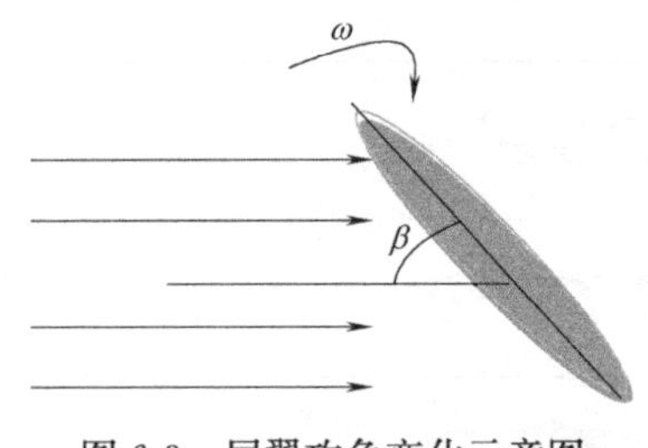

图 6-9　尾翼攻角变化示意图

航行体运动过程中，通过水平尾翼攻角调节可改变航行体俯仰力与力矩，从而实现航行体俯仰姿态调节。因此，为进一步了解水平尾翼攻角对空泡特性影响，本节对水平尾翼攻角变化过程进行了数值模拟，并对模拟结果进行对比分析。

图 6-9 给出了尾翼攻角变化示意图，尾翼攻角指的是尾翼翼弦与来流速度之间夹角用 β 表示，尾翼顺时针转动夹角为正，尾翼旋转角速度用 ω 表示。

6.5.1　物理模型、边界条件

本节采用的物理模型如图 6-10 所示，模型由圆盘空化器、锥段、柱段尾翼组成。流场前端入口为速度入口，出口为压力出口，模型表面为无滑移壁面条件。

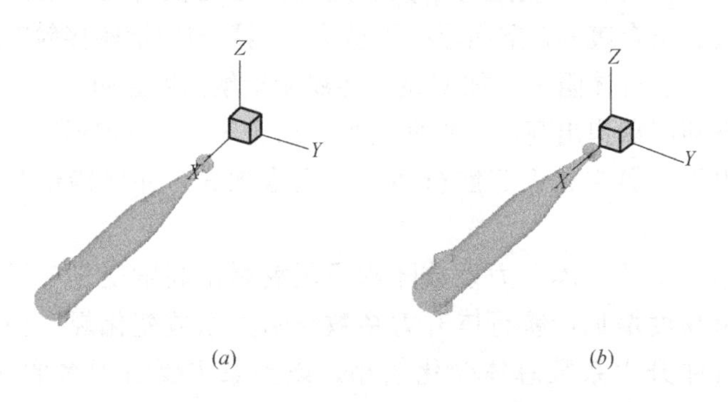

图 6-10　尾翼攻角变化物理模型

(*a*) 尾翼攻角为 0°物理模型；(*b*) 尾翼攻角为 30°物理模型

6.5.2　水平尾翼正攻角空泡流特性研究

对于水下航行体，水平尾翼攻角变化可以有效调节航行体升力，实现航行体稳定控制，而对于超空泡航行体，水平尾翼伸出超空泡壁面较小，水平尾翼攻角变化对超空泡流体动力影响、对航行体升力调节作用大小成为水平尾翼研究的关键问题，因此本章对水平尾翼攻角变化空泡流空泡特性与航行体流体动力特性进行了详细研究。本章分别对超空泡状态下，水平尾翼正攻角与负攻角两种变化对空泡流特性影响进行研究。首先对水平尾翼正攻角状态下空泡形态特性与航行体流体动力特性进行分析。航行体保持匀速运动，水平尾翼匀速绕 Z 轴逆时针旋转，尾翼攻角为正，尾翼旋转过程空泡形态变化规律见表 6-4。由表 6-4 可以看出，随着尾翼攻角变大，空泡长度不断变大；当攻角大于 20°时，超空泡断裂成前后两部分。该现象主要由于尾翼攻角增大，尾翼迎流面压力增大，尾翼空化加强，尾部空泡明显增大。当尾翼攻角大于 20°时，尾翼迎流面压力抑制了前端空泡发展，空泡出现断裂。

空泡形态随尾翼正攻角变化规律　　表 6-4

正攻角	含气量等值图	正攻角	含气量等值图
0°		20°	
10°		30°	

图 6-11（a）给出了航行体阻力随尾翼攻角的变化关系，由图中可以看出，随着尾翼正攻角变大，阻力系数变大；当攻角小于 20°时，阻力系数增长缓慢；当攻角大于 20°时，阻力系数增长迅速。该现象主要由于尾翼攻角增大，航行体在来流方向投影面积增大，尾翼迎流面压力增大，压差阻力增大，从而导致航行体阻力系数增大；当尾翼攻角大于 20°时，空泡发生断裂，弹体沾湿面积增大，因此粘性阻力增大。

图 6-11（b）给出了航行体升力系数随攻角的变化关系，由图中可以看出，随着尾翼正攻角变大，升力系数变小，且方向向下，与试验一致；当正攻角大于 20°时，曲线升力

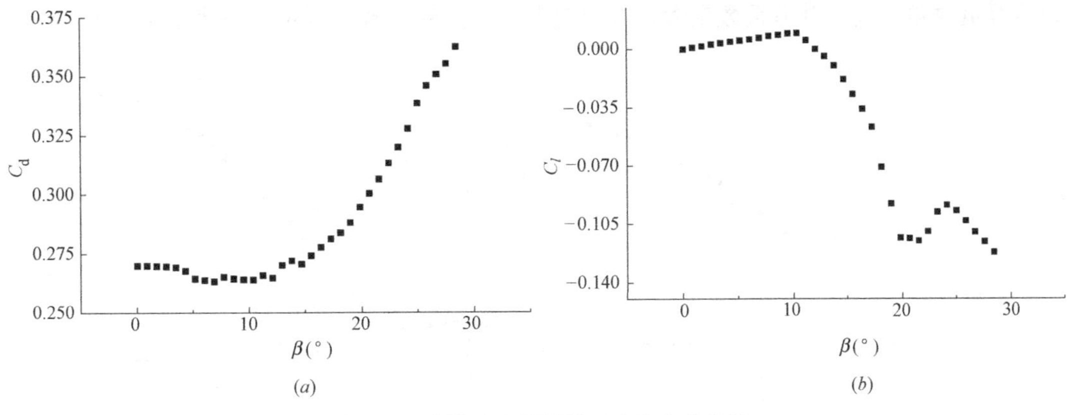

图 6-11　流体动力随尾翼正攻角变化曲线

（a）阻力系数与尾翼攻；（b）升力系数与尾翼攻角

系数出现震荡，这是由于当尾翼正攻角大于 20°时，空泡断裂对流场影响较大，航行体流体动力发生改变。

6.5.3 水平尾翼负攻角空泡流特性研究

由于在航行体控制过程中，尾翼转动方向和尾翼攻角方向对航行体流体动力影响较大，特别是尾翼攻角方向对航行体升力系数的影响较大，因此本节分别对水平尾翼正攻角与负攻角进行数值模拟研究。

假设航行体保持匀速运动，水平尾翼匀速绕 Z 轴顺时针旋转，尾翼成负攻角，尾翼旋转过程中空泡形态变化规律见表 6-5。由表 6-5 可以看出，随着尾翼负攻角变大，航行体尾部空泡形态变化较大，空泡尺寸变大；当水平尾翼负攻角大于－20°时，可以看出超空泡在水平尾翼前端明显断裂成前后两部分。随着攻角增大水平尾翼前端空泡尺寸减小，水平尾翼后端空泡尺寸增大。出现该现象主要由于随水平尾翼负攻角增大时，水平尾翼迎流面压力增大，尾翼空化加强，尾部空泡明显增大；当尾翼负攻角大于 20°时，尾翼迎流面压力抑制了前端空泡发展，空泡出现断裂。

空泡形态随尾翼正攻角变化规律 **表 6-5**

负攻角	含气量等值图	负攻角	含气量等值图
0°		20°	
10°		30°	

图 6-12（a）给出了航行体阻力随尾翼负攻角的变化关系，由图中可以看出，当尾翼负攻角变大时，阻力系数变大；当攻角小于 20°时，阻力系数增长缓慢；当攻角大于 20°时，阻力系数增长迅速。该现象主要由于尾翼攻角增大，航行体在来流方向投影面积增大，尾翼迎流面压力增大，压差阻力增大，航行体阻力系数增大；当尾翼负攻角大于 20°时，空泡发生断裂，弹体沾湿面积增大，粘性阻力增大。

图 6-12（b）给出了航行体升力系数随尾翼负攻角的变化关系，由图中可以看出，随着尾翼负攻角变大，升力系数变大，方向向上，与试验一致；当负攻角大于 20°时，曲线

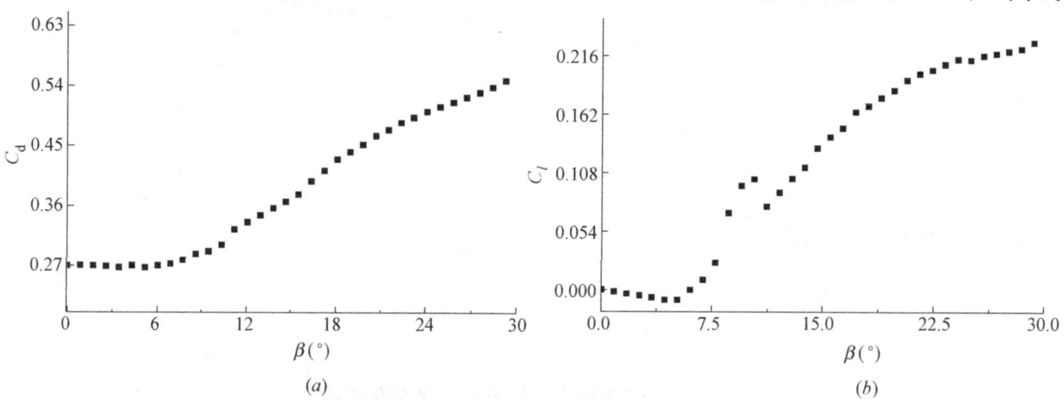

图 6-12 流体动力随尾翼负攻角变化曲线

（a）阻力系数与尾翼攻角；（b）升力系数与尾翼攻角

升力系数出现震荡，这是由于尾翼负攻角大于 20°时，空泡断裂对流场影响较大，航行体流体动力发生改变。

6.6 本章小结

本章研究了尾翼对航行体流体动力的影响。首先通过水洞试验分析了航行体尾翼楔形角对航行体空泡形态及流体动力的影响，然后通过三维数值仿真分别分析了水平尾翼沿弹体轴向运动、水平尾翼的伸缩运动以及水平尾翼攻角改变对航行体空泡形态及流体动力的影响。得到主要结论如下：

（1）对于通气超空泡航行体，尾翼楔形角越大，阻力系数越小，升力系数越大。

（2）当水平尾翼安装位置时，尾翼距离航行体尾部越远，阻力系数越大；并且，由于尾翼平动引起空泡断裂，阻力系数出现跳跃。

（3）当水平尾翼弹出运动时，随尾翼的弹出航行体阻力系数变大，升力系数变大；在尾翼与空泡壁面接触时刻，阻力系数、升力系数发生跳变。

（4）水平尾翼攻角变化时，随尾翼攻角变大阻力系数变大；尾翼正攻角增大时，升力系数减小；尾翼负攻角增大时，升力系数增大。

第7章 航行体机动非定常空泡流特性研究

7.1 引　　言

超空泡航行体的实际航行过程往往是极为复杂的时变过程，其运动速度及姿态等运动参数的改变，会引起航行体空泡形态及流体动力的改变，尤其航行体尾部与空泡相互作用，可能会产生大的俯仰力与俯仰力矩，导致航行体失稳。

本章采用数值模拟的方法对水下航行体变速运动空泡流场进行研究。采用相对运动方法，对航行体在变速运动过程中的空泡形态和流体动力特性进行研究，并对通气与自然空化现象进行比较，对自然空泡滞后现象进行定量分析。同时，进一步对航行体在俯仰运动过程中的空泡形态和流体动力进行了研究。

7.2 航行体变速运动空泡流特性研究

在超空泡航行体的加速过程中，空化数随着航行体速度的增大而逐渐减小，空泡形态会不断发生变化，并且体现出时间滞后现象，航行体所受的流体动力也会相应地产生变化。因此，为了保证航行体在加速过程中的稳定性，实现从加速阶段到巡航阶段的稳定过渡，必须针对航行体加速过程中的空泡形态滞后现象和流体动力特性开展深入研究。

7.2.1 动坐标系流体运动方程

对于惯性坐标系，流体的运动方程可以表示为：

$$\rho\frac{D\vec{V}}{Dt}=\rho\vec{f}+\nabla\cdot\vec{P} \tag{7-1}$$

式中：$\vec{P}$——表示应力张量；

$\vec{V}$——绝对速度；

$\vec{f}$——体积力。

对于动坐标系下，根据达朗贝尔原理，将绝对加速度表示为相对加速度、科氏加速度与牵连加速度的和，流体体积力发生改变，流体相对运动方程可以表示为：

$$\rho\frac{D\vec{V}_{\mathrm{r}}}{Dt}=\rho(\vec{f}-a_{\mathrm{e}}-2\Omega\times\vec{V}_{\mathrm{r}})+\nabla\cdot\vec{P} \tag{7-2}$$

$$a_{\mathrm{a}}=a_{\mathrm{r}}+a_{\mathrm{e}}+a_{\mathrm{k}} \tag{7-3}$$

$$a_{\mathrm{e}}=\frac{\mathrm{d}V_0}{\mathrm{d}t}+\frac{\mathrm{d}\Omega}{\mathrm{d}t}\times r+\Omega\times(\Omega\times r) \tag{7-4}$$

$$\vec{a}_{\mathrm{k}}=2\vec{\Omega}\times\vec{V}_{\mathrm{r}} \tag{7-5}$$

式中：$\vec{\Omega}$——动坐标系转动角速度；

$\vec{V}_{\mathrm{r}}$——相对运动速度；

$\vec{a}_{\mathrm{a}}$——绝对加速度；

$\vec{a}_{\mathrm{r}}$——相对加速度；

$\vec{a}_{\mathrm{e}}$——牵连加速度；

$\vec{a}_{\mathrm{k}}$——科氏加速度。

本章航行体变速运动是基于相对运动理论思想，通过引入边界入口时间函数来实现。由于采用的是动坐标系，因此应考虑动坐标系牵连作用，同时航行体计算的是相对运动，而不是决定运动，所以对流体动量方程（N-S 方程）进行修正。也就是通过 udf 二次开发，将流体相对运动方程（7-2）嵌入到 CFD 中，代替 CFD 原有动量方程（N-S 方程），以真正意义上实现航行体相对变速运动，提高模拟精度。

本章对航行体减速过程进行模拟，数值模拟采用的初始速度、加速度来自试验测量结果，并对数值模拟结果与试验结果进行了对比。图 7-1 给出了超空泡航行体减速过程，航行体速度随时间变化曲线。由修正动量方程后数值模拟结果与试验结果比较图 7-1 可以看出，修正动量方程（N-S 方程）后数值模拟结果航行体速度随时间变化曲线与试验结果基本相一致，因此采用修正动量方程（N-S 方程）后数值模拟方法，可以作为后续超空泡航行体变速运动研究的基础。

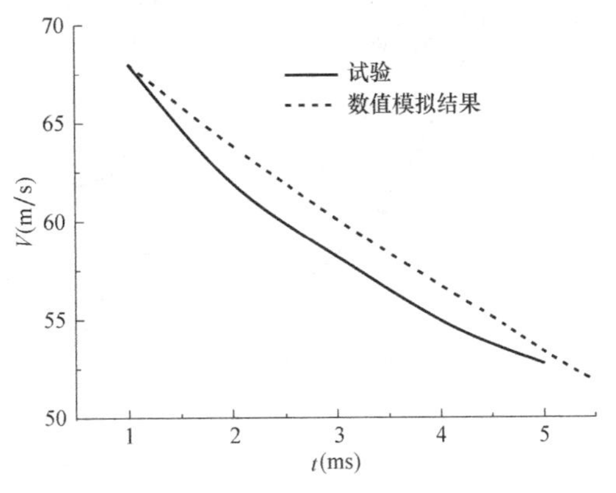

图 7-1　试验结果与模拟结果比较

7.2.2　自然空化航行体变速运动空泡流特性研究

1. 计算模型、计算方法

本节采用的计算模型由锥段与柱段组成，航行体直径为 10mm，锥段长度为 35mm，柱段直径为 20mm、长度为 200mm。计算域尺寸为 400mm×8000mm，如图 7-2 所示。计算域前端来流为速度入口，后端出口为压力出口，外边界为壁面。计算域网格采用结构化划分，为了保证计算精度，对模型周围区域网格进行了局部加密。网格数量为 76432，计算时间步长为 1e-5s。通过 udf（user defined function）引入速度入口时间函数，实现航

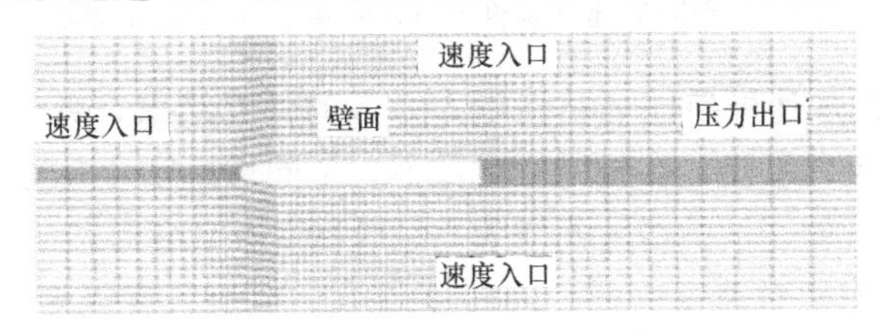

图 7-2　计算域与网格示意图

行体变速度运动。

2. 自然空泡流特性研究

由于航行体在运动过程可能具有不同的加速度，因此本节计算了在不同加速度下运动的航行体空泡形态及流体动力变化，加速度范围为 0～100m/s^2。

图 7-3 分别给出了不同加速度下空泡长度和厚度随空化数的变化规律。从图中可以看出，在航行体加速过程中，随着空化数减小，空泡长度和厚度都逐渐增加，与定常状况下的规律一致。在加速状态下，相同空化数时，非定常空泡尺寸明显小于定常空泡尺寸，并且空泡尺寸随着加速度增大而减小。随着空化数的减小，定常与非定常空泡尺寸的差异逐渐减小，即加速度对空泡形态的影响逐渐减小。

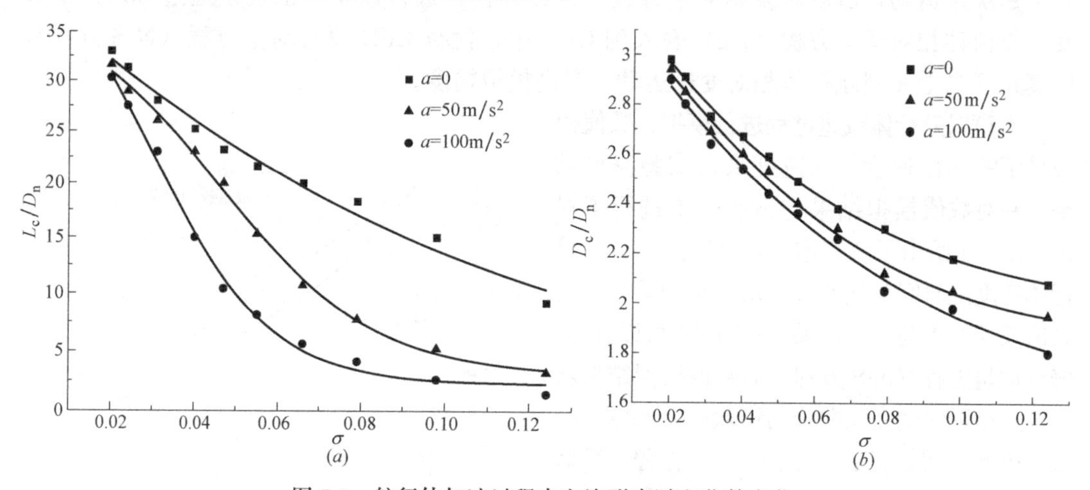

图 7-3 航行体加速过程中空泡形态随空化数变化

(a) 空泡长度随空化数变化曲线；(b) 空泡直径随空化数变化曲线

图 7-4 给出了不同加速度下以速度 $v=60$m/s 运动的航行体空泡形态，从图中可以直观地看出在相同速度下空泡尺寸随着加速度增大而减小。

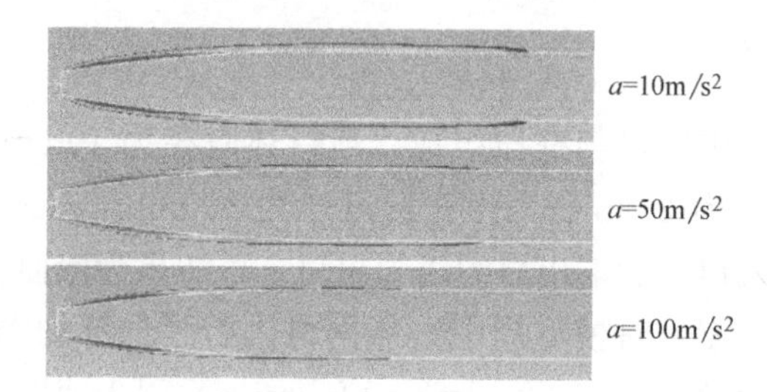

图 7-4 不同加速度条件下（$v=60$m/s）空泡示意图

图 7-5 给出了不同加速度条件下粘性阻力系数的计算结果，纵坐标为粘性阻力系数，横轴为空化数。由图可以看出，在相同空化数下，不同加速度对应的粘性阻力系数差别很大，粘性阻力系数随着加速度的增大而增大。结合图 7-4 空泡形态示意图可以看出，相同自然空化数下，航行体相对速度一样，加速度越大，空泡长度越短，航行体沾湿面积越大，航行体粘性阻力越大。相同加速度下，随空化数减小，空泡长度增大，航行体沾湿面

积减小，航行体粘性阻力减小。相同加速度下航行体粘性阻力系数随空化数减小而减小，且在小空化数下，航行体粘性阻力系数减小斜率增加，这是由于自然空化数越小空泡长度增长越快。

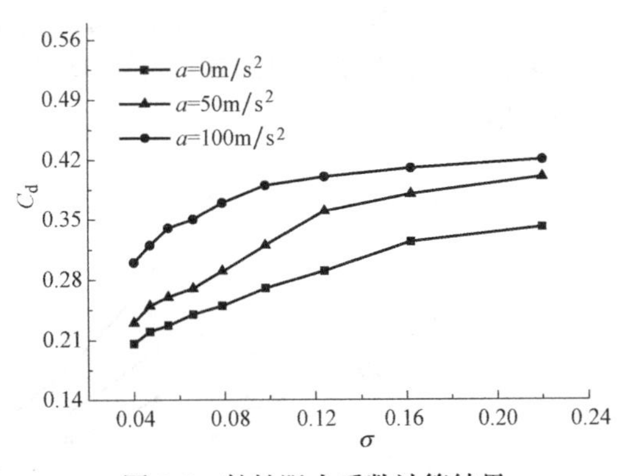

图 7-5　粘性阻力系数计算结果

超空泡航行体在达到匀速巡航状态前往往需要经历短时加速阶段，当航行体刚达到匀速运动阶段时，空泡形态、空泡尺寸则需要经过一段时间才会达到与定常状态相一致。这就是我们常说的空泡形态滞后现象，该现象主要是由航行体加速运动引起的。而航行体达到匀速与空泡形态、空泡尺寸达到定常状态的时间差则被定义为滞后时间。图 7-6 给出了航行体以加速度 100m/s^2 运动时，由 0m/s 加速到 50m/s 过程中的空泡滞后时间示意图。图中纵坐标分别为空泡长度与航行体速度，横坐标为时间历程。

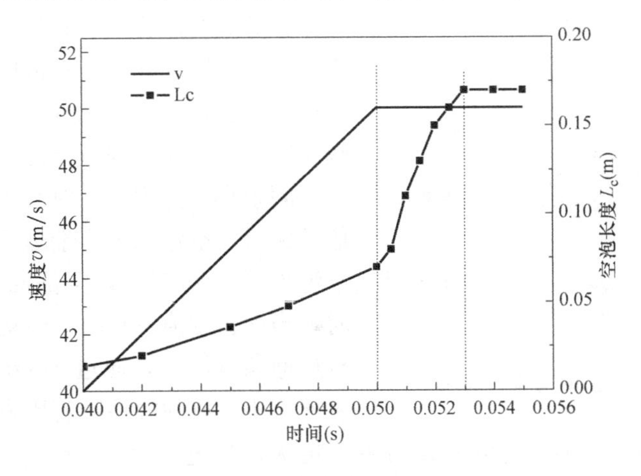

图 7-6　空泡滞后时间（v=50m/s）

为了研究航行体速度对空泡形态滞后的影响，本章对相同初速度下，航行体以加速度 a=100m/s^2，分别加速到 v_1=50m/s、v_2=60m/s、v_3=70m/s、v_4=80m/s、v_5=90m/s、v_6=100m/s 后保持匀速运动状态进行数值模拟，得到航行体达到不同速度下空泡形态滞后时间。图 7-7 给出了空泡滞后时间随速度变化的曲线，可以看出随着航行体速度提高，空泡滞后时间越小，这是由于航行体速度提高，航行体周围流场压力较低，空化数较小，自然空化速度较快，因此由于航行体变速运动引起的空泡形态滞后时间越短。为进一步研究航行体加速度对空泡形态滞后时间的影响，本章分别对航行体以加速度 a_1=

$10m/s^2$、$a_2=50m/s^2$、$a_3=100m/s^2$，加速到不同速度 $v_1=50m/s$、$v_2=60m/s$、$v_3=70m/s$、$v_4=80m/s$、$v_5=90m/s$、$v_6=100m/s$，后保存匀速运动的空泡形态进行了数值模拟，得到了加速度对空泡形态滞后时间的影响。

图 7-8 给出了不同加速度下，航行体达到不同匀速状态的空泡滞后时间曲线，由此可知，在匀速状态速度相同的条件下，空泡滞后时间随着加速度减小而减小；在加速度相同的条件下，空泡滞后时间随着速度的增大而减小。

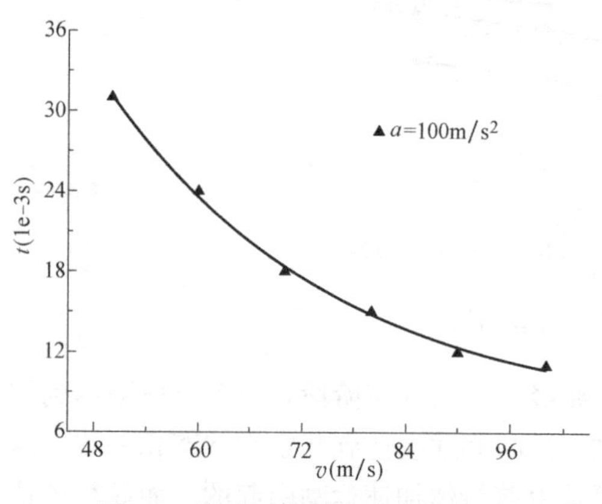

图 7-7　滞后时间随速度变化曲线

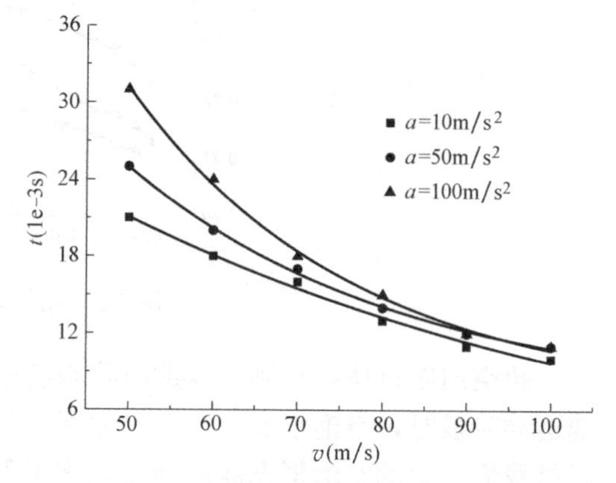

图 7-8　不同加速度下空泡滞后时间

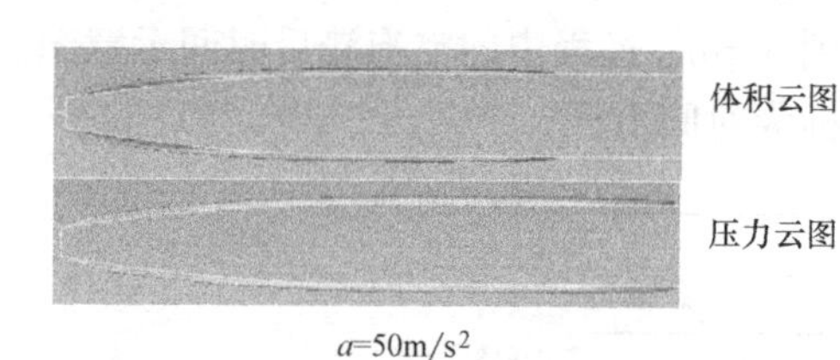

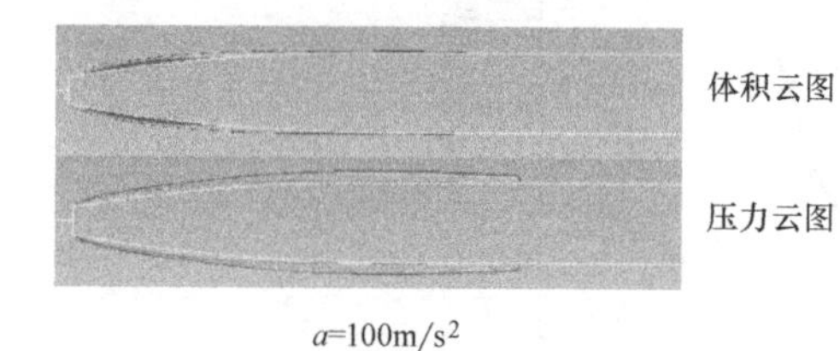

图 7-9　体积分数云图与压力云图

图 7-9 给出了不同加速度下，达到相同速度（$v=60m/s$）的空泡形态滞后过程中的汽相体积分数与压力的等值图。从图 7-9 中可以看出，以不同加速度运动的航行体在达到相同速度而后保持匀速运动的过程中，当加速度值较小时，空泡尺寸与低压区大小相似，空泡发展空间较小，空泡滞后时间较短；而当加速度值较大时，空泡尺寸与低压区大小相差较大，空泡发展空间较大，空泡滞后时间较长。同时，当加速度值较小时，流场低压区的压力更接近饱和蒸汽压，通过 Singhal 空化模型可知表征汽相生成的源项随着压力降低而增大，所以随着加速度的减小，表征汽相生成的源项增大，空泡尺寸逐渐增大，空泡滞后时间缩短。

7.2.3　通气空化航行体变速运动空泡流特性研究

1. 计算模型、计算方法

仿真计算中采用基于均质平衡流 VOF 模型，计算域总长度为 $6.5L$，其中航行体前端来流流域为 $1.5L$，尾部以后的流域长度为 $4L$，流域宽为 $18D$。流域环境压力 $p_\infty=101325Pa$，饱和蒸汽压力 $p_c=3510Pa$，流域边界条件设置如图 7-10 所示。本节对计算流域采用笛卡尔坐标描述，坐标原点坐落在射弹头部中心点，坐标方向定义速度入口指向压力出口。

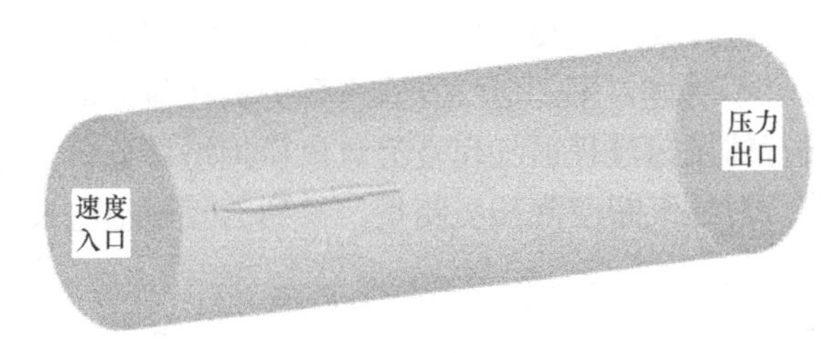

图 7-10　边界条件示意图

本节采用的计算网格均为六面体结构化网格（图 7-11），在压力梯度变化较大的区域（射弹头部附近及空泡闭合区域附近）对网格进行加密，边界层网格厚度为 1×10^{-4}m。由于本节需要对尾部流场特性进行研究，因此为了保证航行体变速运动尾部流场计算精度，对航行体尾部附近的网格进行了加密处理。

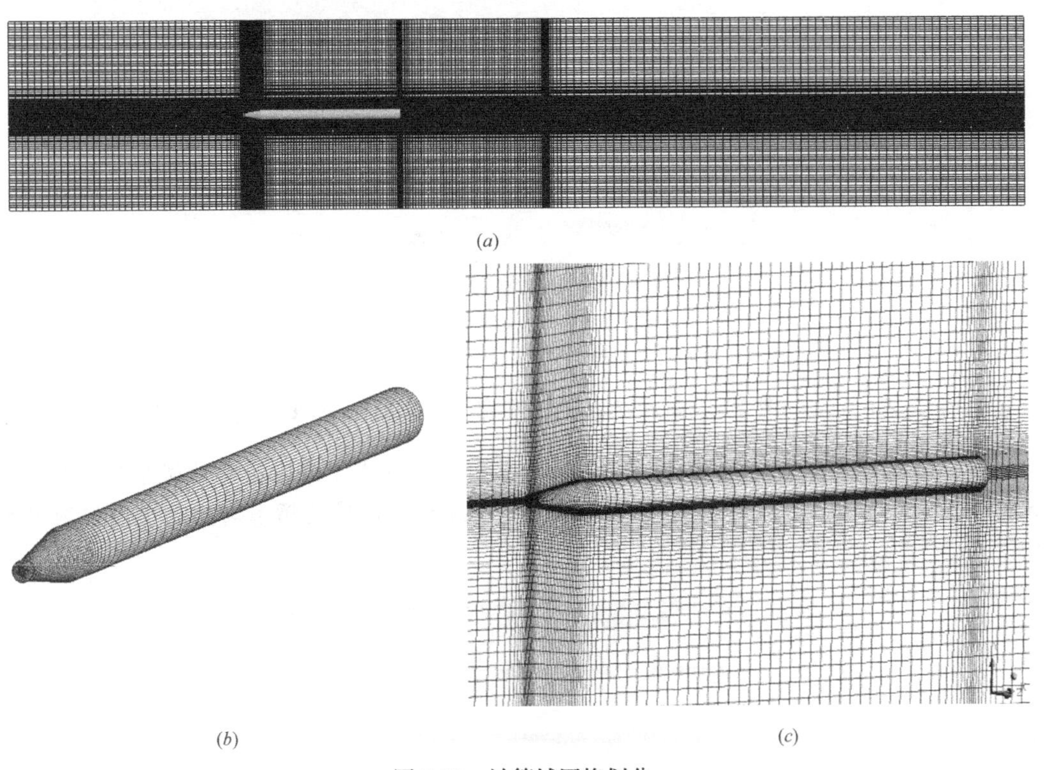

图 7-11　计算域网格划分

(*a*) 流域网格划分；(*b*) 模型表面网格划分；(*c*) 模型周围网格划分

2. 通气空泡流特性研究

本节对航行体由初速度为 15m/s，通气超空泡完全包裹航行体，以不同加速度达到目标速度 50m/s，达到目标速度之后保持匀速运动状态过程的通气空泡形态进行了数值模拟。通过数值模拟，分别得到了不同加速度下，通气超空泡形态变化规律。图 7-12 给出

了航行体以加速度 $a=50\text{m/s}^2$ 加速过程中通气超空泡形态变化过程。可以看出通气超空泡没有出现单调变化规律，而是表现出连续脉动，通气超空泡尾部分别闭合在航行体圆柱段、航行体尾喷段，与航行体完全包裹。由于航行体相对运动速度较高，重力影响很小，通气超空泡尾部上漂现象不明显，尾部泄气方式主要为回注射流泄气方式，没有出现双涡管泄气方式。通过对航行体减速过程通气超空泡数值模拟结果分析，得到了通气超空泡形态脉动特性与脉动幅值。对通气超空泡长度测量，得到通气超空泡长度与时间变化曲线。

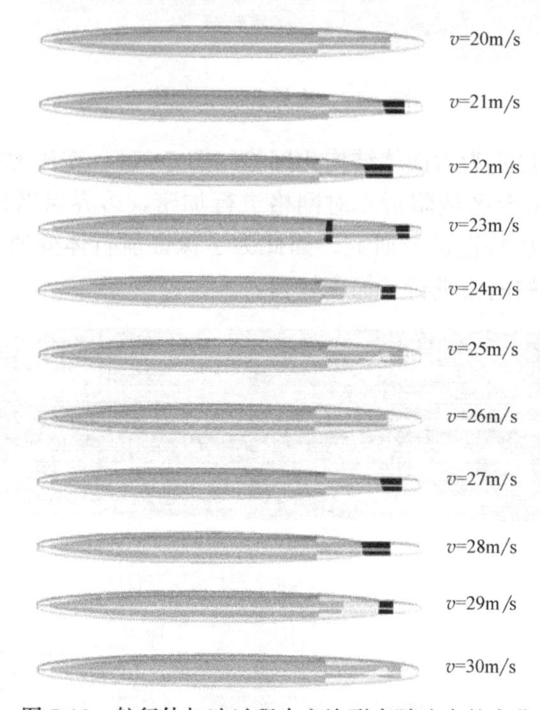

图 7-12　航行体加速过程中空泡形态随速度的变化

图 7-13 给出了航行体达到目标速度 50m/s 后，航行体保持匀速运动状态时，通气超空泡形态变化过程，可以看出通气空泡形态呈连续脉动，脉动频率与脉动幅值没有明显变化。

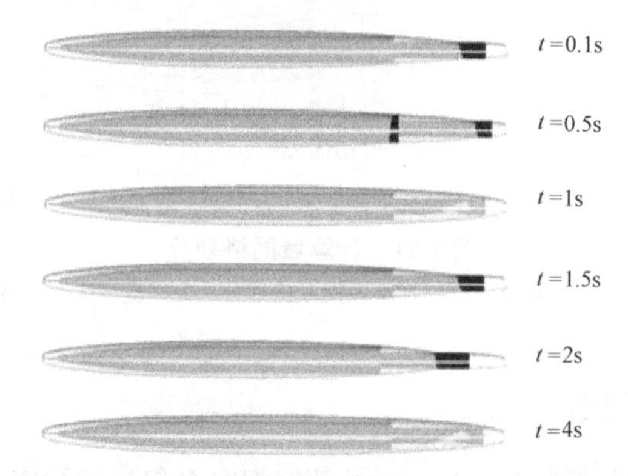

图 7-13　航行体匀速运动时空泡形态随时间变化

图 7-14 给出了航行体以加速度 $a=50\text{m/s}^2$、$a=100\text{m/s}^2$，加速到目标速度 50m/s，

航行体保持匀速运动状态时，通气超空泡形态变化过程。可以看出通气超空泡形态始终脉动，脉动的频率与脉动幅度基本相同。

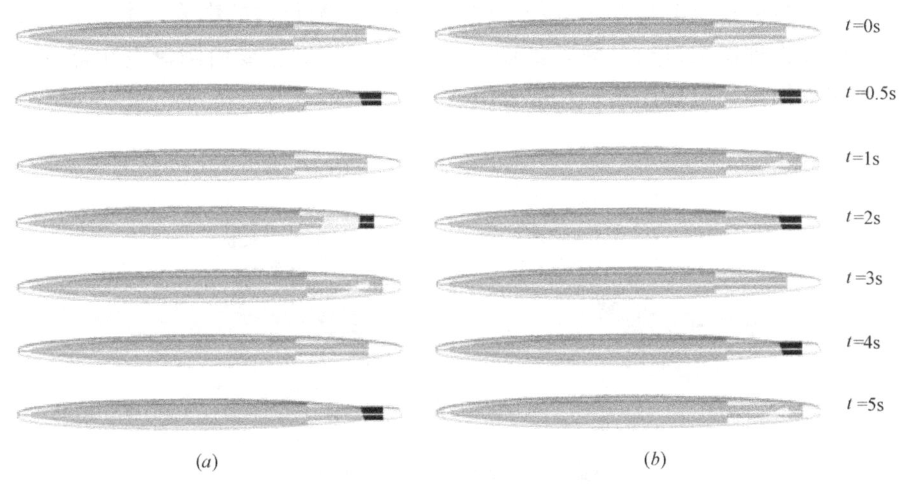

图 7-14　不同加速度下空泡形态随时间变化

（a）$a=50\text{m/s}^2$；（b）$a=100\text{m/s}^2$

结合上面不同工况对比，可以看出通气超空泡形态不稳定性主要是由于通气超空泡尾部泄气方式决定，而由于速度变化，加速度变化对通气空泡流场的影响较小。通气超空泡脉动主要是由于小空泡状态下，空泡内部压力不断增大，空泡不断增大，空泡增大到一定程度空泡尾部泄气率突然增大，减小了空泡内压力，空泡变小，不断循环此过程。同时也是由于在航行体变速运动，推动周围的流体介质，使其克服惯性后开始运动，物体本身同时受到流体介质的反作用力。反作用力的大小，由流体物理性质、航行体形状与航行体运动方向决定。通气超空泡状态下，航行体与流体接触面积固定，所受到的反作用力一定，所以速度与加速度对通气超空泡形态影响较小。

对比通气超空泡、自然超空泡航行体变速运动，可以看出在加速状态下，自然超空泡有明显滞后现象，而通气超空泡呈脉动状态。对于自然超空泡，相同空化数时，非定常空泡流空泡尺寸明显小于定常空泡流空泡尺寸，并且空泡尺寸随着加速度增大而减小；随着空化数的减小，定常与非定常空泡流空泡尺寸的差异逐渐减小，即加速度对空泡形态的影响逐渐减小。在航行体加速过程中，不同加速度对应的粘性阻力系数差别很大，粘性阻力系数随着加速度的增大而增大。在航行体加速过程中，达到匀速状态速度相同的条件下，自然超空泡滞后时间随着加速度减小而减小；在加速度相同的条件下，空泡滞后时间随着速度的增大而减小。而在通气超空泡状态下，航行体加速运动引起通气超空泡连续性脉动。

7.3　航行体俯仰运动空泡流特性研究

航行体运动过程中，由于航行体受力与力矩不平衡会导致航行体俯仰变化，从而进一步引起空泡形态和航行体流体动力的改变。本节对航行体俯仰变化过程空泡形态及流体动力变化进行研究。

7.3.1　计算模型

为了分析航行体在俯仰角变化过程中尾翼对航行体滑行力的影响，本节分别采用无尾翼与有尾翼两种物理模型进行计算，如图 7-15 所示。模型主要由圆盘空化器、前锥段及圆柱段（有尾翼模型还包括尾翼）几部分组成。

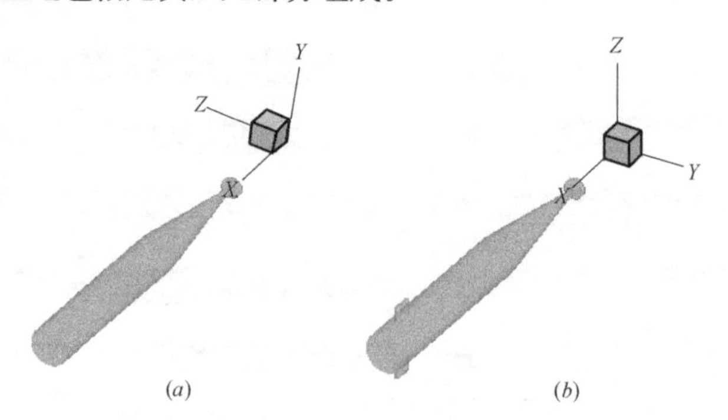

图 7-15　俯仰运动物理模型

（a）无尾翼物理模型；（b）有尾翼物理模型

各模型几何参数见表 7-1。航行体俯仰角变化如图 7-16 所示，计算域采用的边界条件如图 7-17（a）所示，前端来流为速度入口，后端出口为压力出口，计算域外壁面与模型壁面采用无滑移壁面边界。模型所在流域网格划分如图 7-17（b）所示，模型前面与后面采用结构化六面体网格，模型附近进行网格加密采用非结构化网格。整个流域网格节点数为 323500，网格单元数为 299006，六面体网格数为 299903。

模型几何参数　　**表 7-1**

模型	航行体直径 (mm)	模型长度 (mm)	模型最大直径 (mm)	尾翼厚度 (mm)	尾翼长度 (mm)	尾翼宽度 (mm)
无尾翼	20	500	40	0	0	0
有尾翼	20	500	40	4	15	15

本节航行体俯仰角指的是，模型轴线方向与来流方向夹角，用 θ 表示，模型轴线在水平面上俯仰角为正，模型轴线在水平面上俯仰角为负。图 7-16 给出了航行体俯仰角示意图。

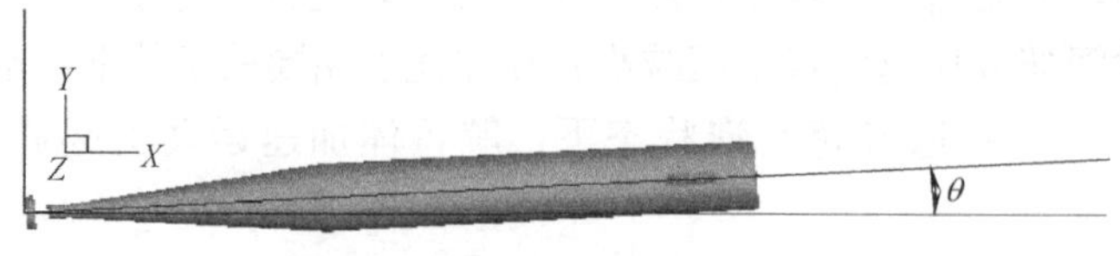

图 7-16　航行体俯仰角示意图

7.3.2　航行体俯仰运动空泡流特性研究

由于在局部空泡与超空泡状态下，航行体运动对空泡形态与流体动力的影响差别较大，所以本节分别对两种情况进行研究。首先，对局部空泡包裹状态下航行体定俯仰角与

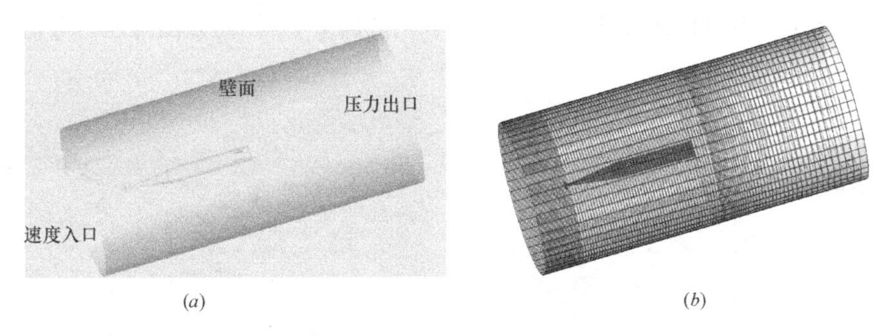

(a)　(b)

图 7-17　计算域与网格示意图
(a) 计算域；(b) 网格

变俯仰角进行数值模拟。

1. 局部空泡流状态下航行体俯仰运动

表 7-2 分别给出了航行体定俯仰角与变俯仰角空泡形态变化情况，由表中可以看出，随着航行体俯仰角增大，航行体头部空泡与尾部空泡尺寸逐渐减小，并且航行体头部空泡上下呈非对称性，航行体尾部空泡向下弯曲；通过比较还可发现，定俯仰角空泡尺寸明显小于变俯仰角空泡尺寸。

该现象主要由于当航行体俯仰角增大时，航行体在迎流面投影面积减小，所以相同速度下空泡尺寸减小。结合图 7-18 中的流场压力分布图可知，当航行体俯仰角增大时，航行体上表面肩部形成高压区空泡减小，下表面压力减小接近饱和蒸汽压空泡增大，从而空泡呈上下非对称性。航行体尾部空泡向下弯曲的现象可以根据动量定理进行分析，横向力作用在航行体尾部冲量与空泡尾流中动量相当（大小相等，方向相反），航行体尾部受力向上，空泡轴线必然向下偏移。而定俯仰角空泡尺寸大于非定常空泡尺寸，主要是航行体俯仰运动对流场影响较大，空泡滞后效应引起。

局部空泡航行体定俯仰角与变俯仰角含气量等值图　　表 7-2

俯仰角	定俯仰角含气量等值图	变俯仰角含气量等值图
0°		
1°		
2°		
3°		
4°		
6°		
7°		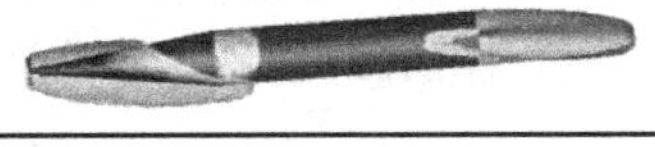

图 7-18 给出了航行体俯仰角 0°与 7°状态下，截面 $z=0$ 压力云图与压力等值线。

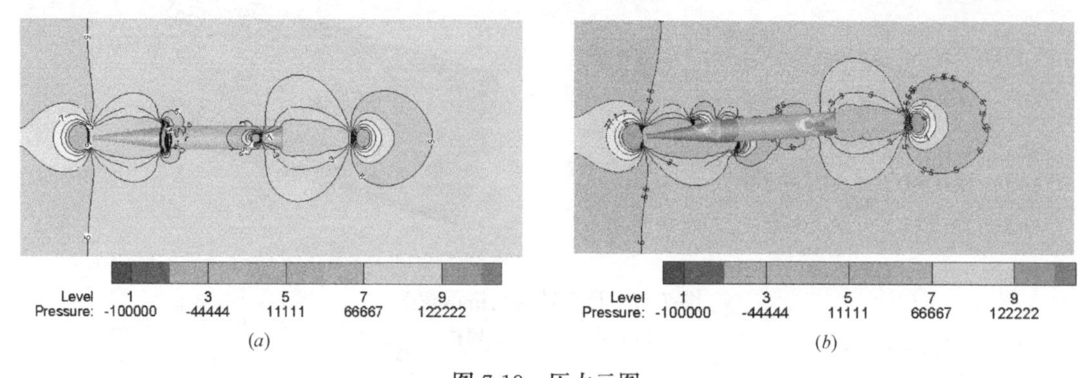

(*a*)　　(*b*)

图 7-18　压力云图

(*a*) 航行体 0°俯仰角流场压力云图；(*b*) 航行体 7°俯仰角流场压力云图

由压力云图中可以看出，当航行体俯仰角为 0°时，航行体上下表面压力相等，空泡形态对称；当航行体俯仰角为 7°时，航行体上表面压力增大、空泡尺寸减小，航行体下表面压力减小、空泡尺寸增大，所以空泡形态上下不对称。

图 7-19 给出了流场流线图，可以看出在航行体空化器迎流接触面，流线方向发生大角度变化，而空化器背流面，流线出现涡流，因此空化器应流面压力较大，空化器背流面压力较小。航行体尾部流线多出现回旋，航行体尾部压力较低，易形成空泡。

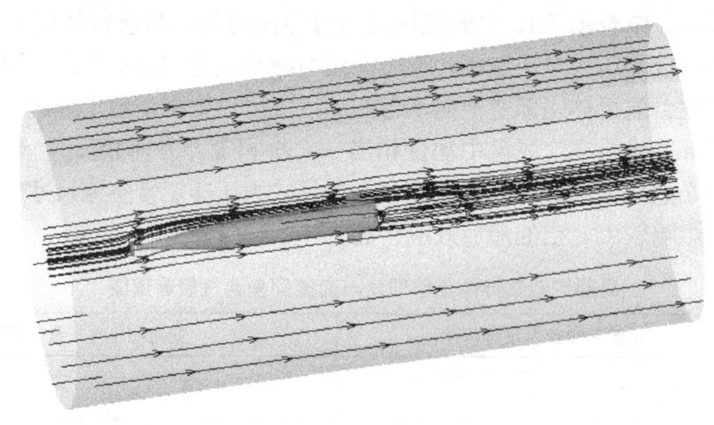

图 7-19　流场流线图

本节对航行体俯仰角变化过程航行体流体动力特性进行了深入研究，图 7-20 分别给出了航行体定俯仰角与变俯仰角流体动力曲线。

其中，图 7-20 (*a*) 为航行体阻力系数随航行体俯仰角变化规律曲线，由图中可以看出，航行体阻力系数随航行体俯仰角增大而增大，航行体俯仰角变化状态下阻力系数明显大于定俯仰角状态下阻力系数且小俯仰角阻力系数相差较大。

图 7-20 (*b*) 为航行体升力系数随航行体俯仰角变化规律曲线，由图中可以看出，航行体升力系数随俯仰角增大而减小，航行体变俯仰角运动状态下升力系数大于定俯仰角状态下升力系数。结合空泡形态变化和流场压力分布可知，随航行体俯仰角的增大，空泡尺寸减小，航行体沾湿面积增大，粘性阻力增大；同时，航行体上表面压力增大，航行体压

差阻力增大，所以航行体总体阻力增大。当航行体具有一定俯仰角时，航行体上下表面压力不对称，上表面压力增大，下表面压力减小，因此升力减小。由于航行体俯仰角变化运动引起流场突变较大，同时受空泡形态滞后影响，所以小俯仰角状态下航行体变化运动，航行体阻力系数大于定俯仰角状态下航行体阻力系数。随俯仰角增大，流场趋于稳定，阻力系数接近相同。

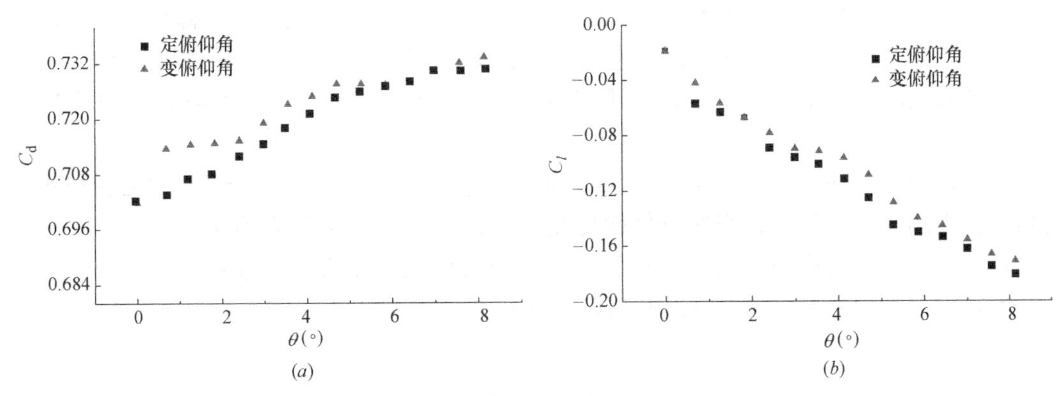

图 7-20　局部空泡航行体流体动力随俯仰角变化曲线

（*a*）阻力系数与俯仰角；（*b*）升力系数与俯仰角

2. 超空泡流状态下航行体俯仰运动

航行体在超空泡状态下被气体完全包裹，其流体动力特性与全沾湿或局部空泡状态下存在明显差异，前面已经对局部空泡状态下航行体俯仰运动对空泡形态及流体动力影响进行研究，本节对超空泡状态下航行体俯仰角对空泡形态及流体动力影响进行研究。

通过数值模拟得到了超空泡状态下，航行体俯仰角与空泡形态、流场、航行体流体动力之间的关系，并对航行体定俯仰角与变俯仰角空泡形态、流体动力特性进行了比较分析。

首先对空泡形态变化过程进行分析，表 7-3 给出了超空泡状态下航行体定俯仰角与变俯仰角空泡形态变化情况。

超空泡航行体定俯仰角与变俯仰角含气量等值图　　表 7-3

俯仰角	航行体定俯仰角含气量等值图	航行体变俯仰角含气量等值图
0°		
2°		
3°		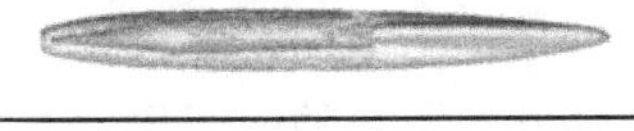
4°		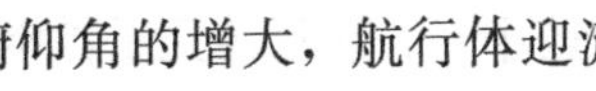

从表中可以看出，在超空泡状态下，随着航行体俯仰角的增大，航行体迎流面积减小，超空泡整体尺寸明显减小。当航行体俯仰角较小时，超空泡形态呈现出较好的对称

性；但当航行体俯仰角较大时，空泡形态呈现明显的非对称性，航行体上部空泡相对较小，航行体下部空泡相对较大，当俯仰角增大到一定程度后，航行体尾部开始接触空泡表面，并打断自然超空泡的连续性。结合超空泡状态下，航行体俯仰过程压力云图 7-21 还可以看出，当航行体俯仰角较大，航行体上表面形成局部高压区，特别是航行体锥柱结合处与航行体尾翼部分压力较大，自然空化明显减弱，而航行体下表面压力较小，自然空化加强，所以形成的超空泡上下不对称。由表 7-3 还可以看出，在航行体俯仰角相同时，航行体变俯仰角空泡尺寸小于航行体定俯仰角空泡尺寸，这主要是由于航行体变俯仰角变化引起流场脉动较大，空化形态表现出不稳定性，因此与航行体定俯仰角比较，空泡尺寸略小。

图 7-21 给出了超空泡航行体 0°俯仰角与 7°俯仰角状态下，截面 $z=0$ 压力云图与压力等值线。由图中可以看出，当航行体俯仰角为 0°时，航行体上下表面压力相等，空泡形态对称分布；当航行体俯仰角为 7°时，航行体上表面压力增大、空泡减小，航行体下表面压力减小、空泡增大，所以空泡形态表现出上下不对称性。

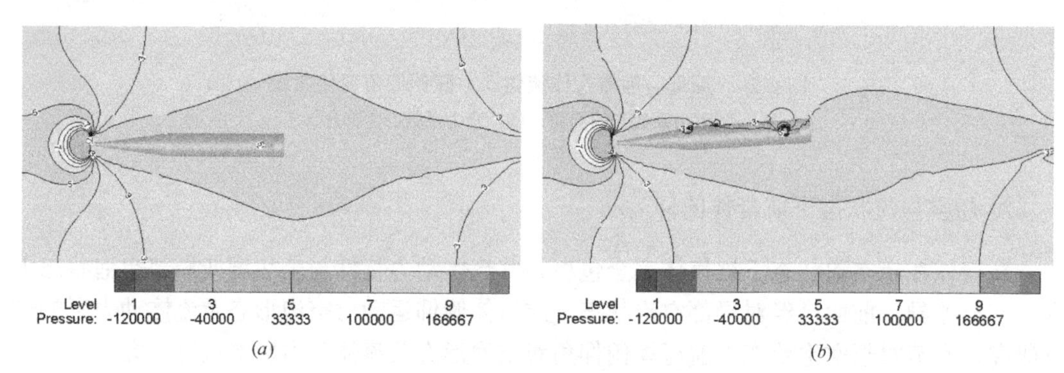

图 7-21　超空泡流场压力云图

(*a*) 0°俯仰角流场压力云图；(*b*) 7°俯仰角流场压力云图

图 7-22 分别给出了超空泡状态下，航行体定俯仰角与变俯仰角运动流体动力变化曲线。其中，图 7-22 (*a*) 为航行体阻力系数随航行体俯仰角变化规律曲线。由图中可以看出，当航行体俯仰角小于 2°时，阻力系数随航行体俯仰角增大缓慢增加；当航行体俯仰角超过 2°时，阻力系数迅速增大。当航行体俯仰角较小时，空泡几乎完全包裹航行体，随着航行体俯仰角的增大，航行体尾部空化减小，压差阻力改变，航行体阻力系数缓慢增加。当航行体俯仰角较大时，航行体上表面沾湿，下表面被空泡包裹，航行体粘性阻力迅速增大，航行体阻力系数增大。由图中还可以看出，当航行体俯仰角小于 2°时，定俯仰角与变俯仰角航行体阻力系数基本相同；当航行体俯仰角超过 2°时，航行体变俯仰角阻力系数变化较大。因此航行体变俯仰角变化引起的空泡形态脉动较大，航行体上表面沾湿面积不同，航行体粘性阻力变化较大，航行体阻力系数变化较大。

图 7-22 (*b*) 为航行体升力系数随航行体俯仰角变化规律曲线。由图中可以看出，当航行体俯仰角小于 2°时，航行体升力系数随俯仰角增大而增大；当航行体俯仰角大于 2°时，航行体升力系数随俯仰角增大而减小。结合空泡形态图与流场压力云图可知，当航行体俯仰角较小时，航行体几乎被空泡完全包裹，升力主要由航行体产生，航行体俯仰角增大，航行体受力升力方向分量增大，航行体升力系数增大。当航行体俯仰角较大时，航行

体上表面部分沾湿，下表面完全包裹，上表面压力较大，下表面压力较小，航行体俯仰角增大，航行体上表面沾湿面积增大，航行体升力系数减小。由图 7-22（*b*）中还可以看出，航行体定俯仰角与变俯仰角航行体升力系数变化规律基本一致。当航行体俯仰角较小时，升力由航行体俯仰角决定，所以升力系数相同；当航行体俯仰角较大时，航行体非定俯仰运动引起空泡形态变化较大，航行体上表面沾湿面积不同，航行体升力系数较大。

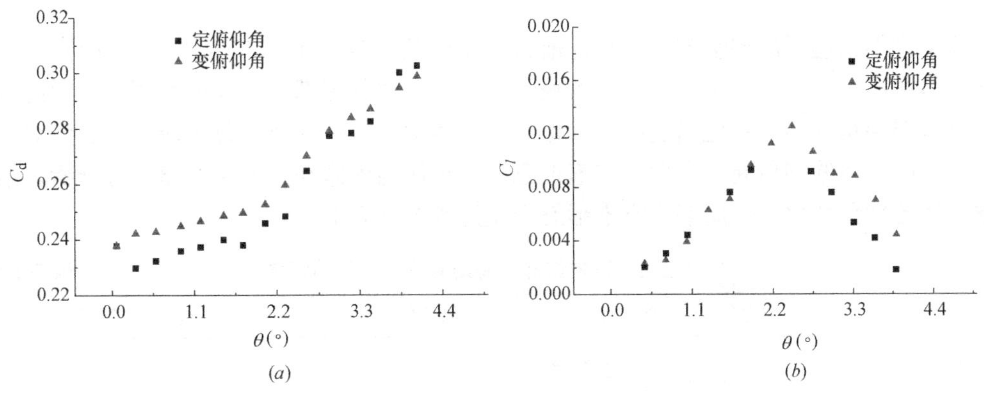

图 7-22　超空泡航行体流体动力随俯仰角变化曲线

（*a*）阻力系数曲线；（*b*）升力系数曲线

7.3.3　航行体俯仰角速度对空泡流特性影响研究

进一步研究航行体俯仰速度对航行体流体动力影响，本节分别对俯仰速度为 $w_1=0.001\text{rad/s}$、$w_2=0.01\text{rad/s}$ 及 $w_3=0.1\text{rad/s}$ 三种不同工况下的流场变化进行研究。

图 7-23 分别给出了航行体在不同俯仰速度下，航行体阻力系数、升力系数随航行体俯仰角变化规律曲线。由图中可以看出，随航行体俯仰角增大阻力系数增大，小俯仰角条件下偏转速度越大阻力系数越大。该现象主要是由于航行体俯仰角越大，航行体沾湿面积越小，航行体上下表面压差越大，航行体阻力增大。在航行体俯仰角变化初期，由于航行体俯仰速度越大，引起空泡形态与流场压力的变化越大，所以航行体阻力越大。随着俯仰角的增大，航行体偏转引起空泡形态与流场压力变化逐渐衰弱，因此俯仰角速度对航行体

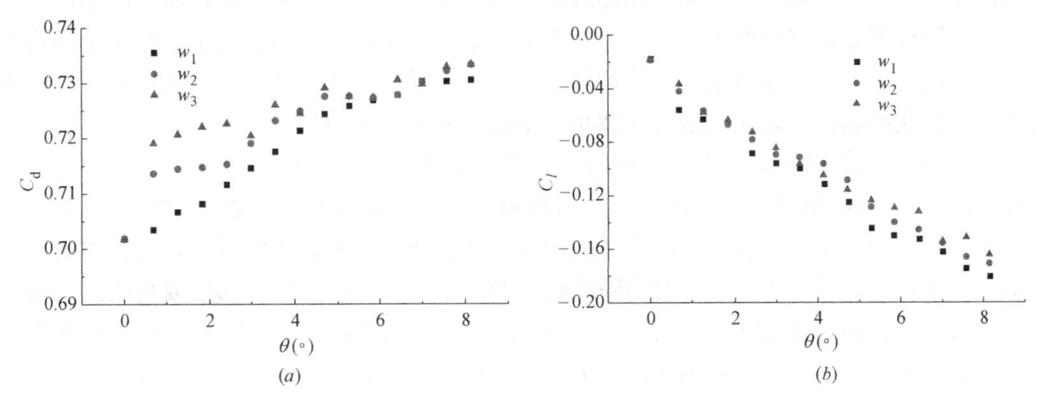

图 7-23　局部空泡航行体不同俯仰速度流体动力特性曲线

（*a*）阻力系数曲线；（*b*）升力系数曲线

阻力的影响越来越小。升力系数随俯仰角增大而减小的规律主要是由空泡形态上下对称与航行体上下表面压力差引起的，航行体俯仰速度对升力系数影响较小。

7.3.4 航行体俯仰角周期变化空泡流特性研究

1. 局部空泡流状态下航行体俯仰运动

前文详细论述了局部空泡、超空泡航行体俯仰角对空泡形态与流体动力特性的影响，而航行体在运动过程中由于受到力与力矩不平衡会导致其尾部发生周期性摆动，因此本节对航行体俯仰角周期性变化引起的空泡形态及流体动力变化规律进行了研究。首先对局部空泡下，航行体俯仰角周期变化、空泡形态变化规律与流体动力变化规律进行分析。给出了航行体俯仰角变化一个周期内空泡形态变化过程图（表 7-4）。

局部空泡航行体俯仰角周期变化含气量等值图 **表 7-4**

俯仰角	变俯仰角含气量等值图	俯仰角	变俯仰角含气量等值图
0°		−2°	
2°		−4°	
4°		0°	
0°			

由表 7-4 中可以看出航行体俯仰角周期性变化过程中，航行体空泡形态发生规律性变化。当航行体俯仰角单调递增时，航行体头部空泡对航行体上表面包裹减小，航行体下表面包裹增大；当航行体俯仰角单调递减时，航行体头部空泡对航行体上表面包裹增大，航行体下表面包裹减小。由表中还可以看出，当航行体俯仰角为正，航行体头部空泡对航行体上表面包裹小于下表面；当航行体俯仰角为负，航行体头部空泡对航行体上表面包裹大于下表面。结合航行体俯仰运动的压力云图 7-18，可以知道航行体俯仰角为正，航行体上表面压力增大，空化减弱，航行体上表面空泡尺寸减小；航行体下表面压力减小，空化增强，航行体下表面空泡增大，航行体上表面空泡小于小表面空泡。对于航行体俯仰角为负状态，航行体上表面压力渐小，航行体上部空化加强，空泡尺寸变大，航行体下表面压力增大，空化减弱，下表面空泡尺寸减小，空泡尺寸上大下小。

图 7-24 分别给出了局部空泡航行体俯仰角周期性变化流体动力特性曲线。其中，图 7-24（*a*）为航行体俯仰角与航行体阻力系数随时间变化规律曲线，由图中可以看出，随着航行体俯仰角的增大，航行体阻力系数增大；随着航行体俯仰角的减小，航行体阻力系数减小。结合空泡形态表，可以看出随航行体俯仰角增大，航行体肩部形成高压区，增大了压差阻力，总阻力系数增大。图 7-24（*b*）为航行体俯仰角与升力系数随时间变化曲线。由图中可以看出，当航行体俯仰角为正时，随着航行体俯仰角增大，航行体升力系数减小；随着航行体俯仰角的减小，航行体升力系数增大。当航行体俯仰角为负时，随着航行体俯仰角的增大，航行体升力系数增大；随着航行体俯仰角的减小，航行体升力系数减

小。结合空泡形态表，可以看出当航行体俯仰角为正时，随着俯仰角的增大，航行体头部空泡对航行体上表面包裹减小，航行体上表面压力增大，航行体升力减小；当航行体俯仰角为负时，随着俯仰角的增大，航行体头部空泡对航行体下表面包裹减小，航行体下表面压力越大，航行体升力系数越大。

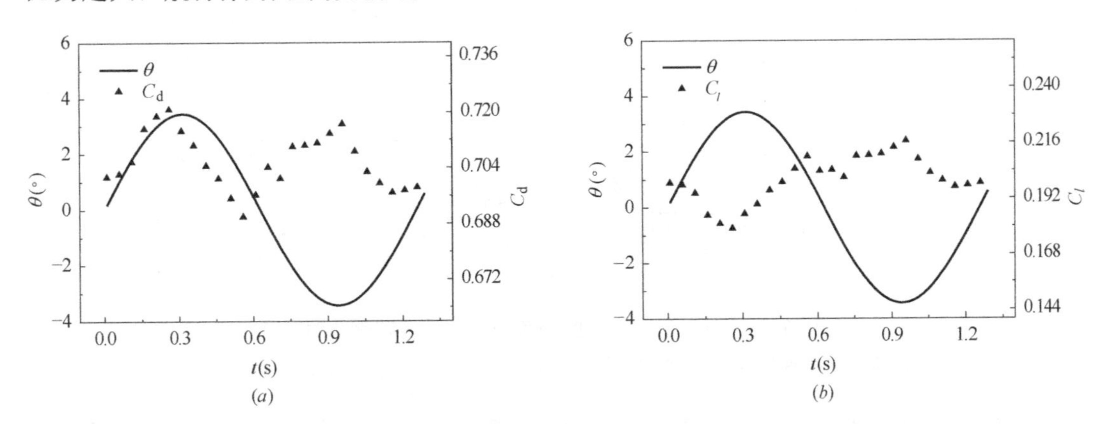

图 7-24　局部空泡航行体俯仰角周期变化流体动力特性曲线

（*a*）航行体俯仰角与阻力系数时变历程；（*b*）航行体俯仰角与升力系数时变历程

2. 超空泡流状态下航行体俯仰运动

本节对超空泡状态下航行体俯仰角周期性变化空泡特性进行研究。给出了航行体摆动一个周期内空泡形态变化过程图。由图中可以看出，随航行体俯仰角周期性变化，航行体尾部周期性出入空泡，并导致空泡有规律的变化。航行体俯仰角越大时，航行体来流方向投影越小，由于来流速度不变，因此包裹航行体的空泡尺寸越小。由表 7-5 还可以看出，当航行体俯仰角较大时，航行体表面空泡形态呈非对称分布；当航行体俯仰角为正时，航行体上表面空泡较小、下表面空泡较大，航行体上表面部分沾湿，而下表面完全被空泡包裹；当航行体俯仰角为负时，航行体上表面空泡较大、下表面空泡较小，航行体上表面完全被空泡包裹，而下表面部分沾湿。这是由于航行体俯仰角为正时，航行体上表面形成高压区，上表面空泡形态较小；而当航行体俯仰角为负时，航行体下表面形成高压区，下表面空泡形态较小。

超空泡航行体俯仰角周期变化含气量等值图　　**表 7-5**

俯仰角	航行体俯仰角含气量等值图	俯仰角	航行体俯仰角含气量等值图
2°		−2°	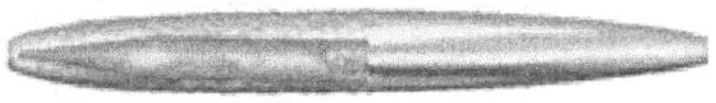
4°		−4°	

本节对超空泡状态下航行体俯仰角周期性变化流体动力特性进行研究。

图 7-25 分别为航行体俯仰角周期变化时航行体阻力系数与升力系数随时间变化曲线。其中，图 7-25（*a*）为航行体俯仰角与航行体阻力系数随时间变化规律曲线。由图中可以看出，随着航行体俯仰角的增大，航行体阻力系数增大；随着航行体俯仰角的减小，航行

体阻力系数减小。结合空泡形态表 7-5 可知，随航行体俯仰角增大，航行体沾湿面积增大，航行体粘性阻力增加，总阻力系数增大。

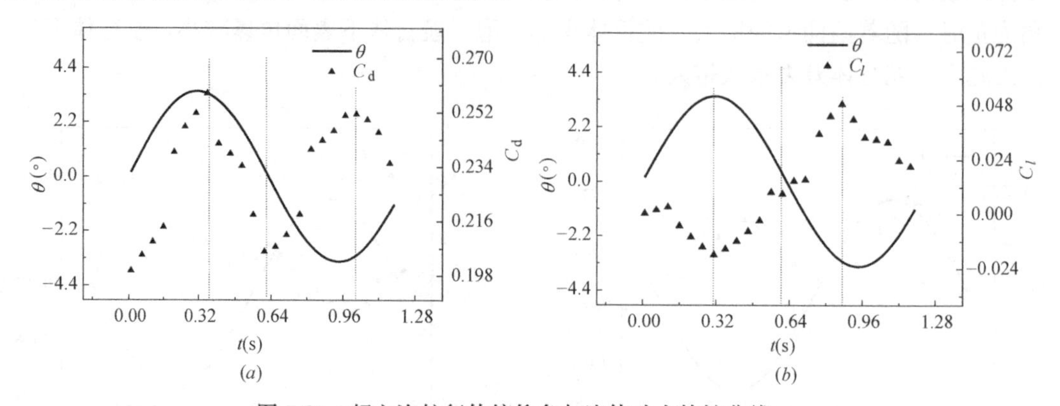

图 7-25　超空泡航行体俯仰角与流体动力特性曲线

(*a*) 航行体俯仰角与阻力系数时变历程；(*b*) 航行体俯仰角与升力系数时变历程

图 7-25 (*b*) 为航行体俯仰角与升力系数随时间变化曲线。由图中可以看出，当航行体俯仰角为正时，随着航行体俯仰角的增大，航行体升力系数减小，而当航行体俯仰角减小时，航行体升力系数增大；当航行体俯仰角为负时，随着航行体俯仰角的增大，航行体升力系数增大，而当航行体俯仰角减小时，航行体升力系数减小。结合空泡形态表 7-5 可知，当航行体俯仰角为正时，俯仰角越大，航行体上表面沾湿面积越大，航行体上表面压力越大，航行体升力越小；当航行体俯仰角为负时，俯仰角越大，航行体下表面沾湿面积越大，航行体下表面压力越大，航行体升力系数越大。

7.3.5　航行体俯仰运动尾翼对空泡流特性影响研究

为研究当航行体俯仰角周期性变化时尾翼对超空泡流场的影响，本节分别对有尾翼及无尾翼模型做俯仰周期性运动工况进行了数值模拟研究，并对模拟结果进行了比较。

表 7-6 给出了超空泡状态下，有尾翼与无尾翼航行体俯仰角做周期性变化时的空泡形态变化过程。由图中可以看出，在相同来流速度下，有尾翼航行体的空泡尺寸较大，这主要是由于尾翼空化加大了空泡尺寸；并且，随着航行体俯仰角的周期性变化，有尾翼航行体空泡尺寸变化较无尾翼航行体更为明显。当有尾翼航行体俯仰角增大时，尾翼空化减弱，空泡尺寸随之减小。

有尾翼与无尾翼航行体俯仰角周期变化含气量等值图　　**表 7-6**

俯仰角	有尾翼航行体俯仰含气量等值图	无尾翼航行体俯仰含气量等值图
2°		
4°		
−2°		

续表

俯仰角	有尾翼航行体俯仰含气量等值图	无尾翼航行体俯仰含气量等值图
−4°		

图 7-26 分别给出了无尾翼航行体俯仰角周期变化时航行体阻力系数与升力系数随时间变化。

图 7-26（*a*）为阻力系数变化规律，由图中可以看出，随着航行体俯仰角增大，航行体阻力系数增大；随着航行体俯仰角减小，航行体阻力系数减小。对比图 7-25（*a*）与图 7-26（*a*）可以看出有尾翼与无尾翼航行体俯仰角周期变化过程航行体阻力系数变化规律相一致，而有尾翼航行体阻力系数较大，这是由于尾翼增加了航行体来流方向投影面积。

图 7-26（*b*）为无尾翼航行体俯仰角与升力系数随时间变化曲线，由图中可以看出，航行体升力系数随航行体俯仰角呈正弦规律性变化。对比图 7-25（*b*）与图 7-26（*b*）可以看出有尾翼与无尾翼航行体俯仰角周期变化过程航行体升力系数变化规律相反。这是由于无尾翼模型升力由航行体提供，当航行体俯仰角为正时，升力系数随俯仰角增大而增大，当航行体俯仰角为负时，升力系数随俯仰角增大而减小。而有尾翼模型升力系数则是由航行体与尾翼共同提供的，当航行体俯仰角为正时，升力系数随俯仰角增大而减小，当航行体俯仰角为负时，升力系数随俯仰角的增大而增大。

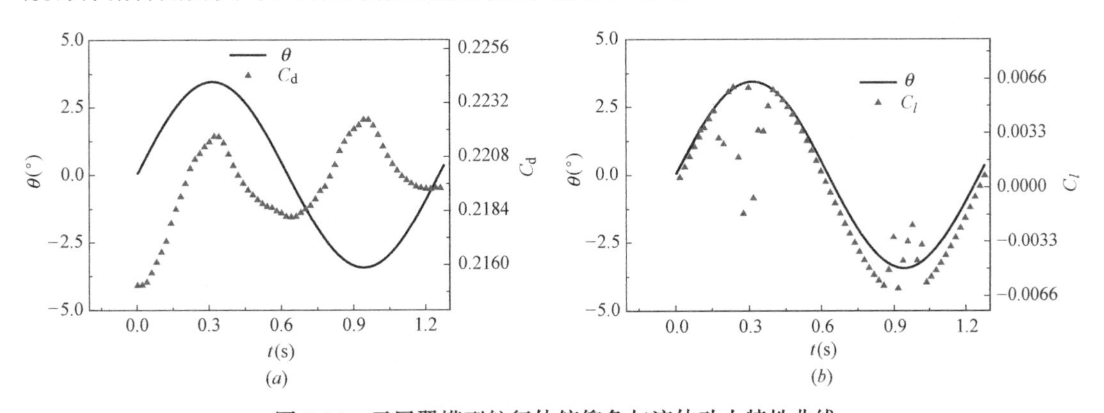

图 7-26　无尾翼模型航行体俯仰角与流体动力特性曲线

（*a*）航行体俯仰角与阻力系数时变历程；（*b*）航行体俯仰角与升力系数时变历程

7.4　本章小结

本章采用动网格方法，对水下航行体运动过程进行了数值模拟，研究了航行体在加速过程中的空泡形态和流体动力变化以及空泡滞后现象，以及航行体在俯仰运动过程中的空泡形态和流体动力。得到的主要结论如下：

（1）航行体变速运动过程中，空泡形态与航行体阻力出现明显的滞后现象；航行体加速度越大，空泡形态滞后时间越长；航行体速度越高空泡形态滞后时间越小。

（2）航行体被局部空泡包裹状态下，航行体俯仰角越大，航行体上表面空泡越小，下表面空泡越大，阻力系数越大，升力系数越小；俯仰角相同时，航行体俯仰速度越大，阻力系数越小，升力系数越大；俯仰角周期性变化时，空泡形态、阻力系数、升力系数周期性变化，且阻力系数、升力系数极值点滞后于航行体俯仰角极值点。

（3）航行体被超空泡包裹状态下，航行体俯仰角较小时，随俯仰角增大，阻力系数、升力系数增大；俯仰角较大时，航行体穿越空泡，随俯仰角增大，阻力系数增大，升力系数减小。当航行体做俯仰运动时，有尾翼模型与无尾翼模型阻力系数变化一致，且有尾翼模型升力系数较大。

第8章　质心位置对超空泡航行体姿态影响研究

8.1 引　　言

对于超空泡航行体运动姿态的预测，主要是通过求解航行体运动学方程与动力学方程，而动力学方程中的流体动力项主要是采用经验公式或半经验公式获得。这样得到的航行体姿态主要存在两个问题：一是经验公式航行体流体动力误差较大，二是没有考虑到空泡形态变化以及空泡形态变化对流体动力的影响。总之，超空泡航行体运动方程建模过程受到超空泡形态、流体动力等因素影响，影响运动方程模型精度。

通过前面大量数值模拟，得到了超空泡航行体空化器攻角变化、航行体俯仰运动对空泡形态与航行体流体动力影响规律，对超空泡形态、航行体流体动力预测具备一定精度。并且通过模拟得到的航行体流体动力误差相对较小，对求解航行体动力学方程与运动学方程精度有明显提高。本章首先对超空泡航行体动力学、运动学方程进行推导，并将超空泡航行体动力学与运动学方程转化为以空化器中心为坐标系原点的形式。并结合前文研究结果，通过对 CFD 二次开发，将纵平面内对航行体动力学、运动学方程与空泡流控制方程进行耦合求解，建立了纵平面内航行体姿态与无控弹道数学模型，并通过数值模拟得到了航行体质心位置对航行体纵平面姿态与弹道影响。

8.2 航行体运动学方程

8.2.1 坐标系选取与定义

本节分别选取地面笛卡尔坐标系与航行体坐标系来描述航行体的运动规律。坐标选取如图 8-1 所示，地面坐标系 $oxyz$，ox 轴在水平面内，为航行体水平运动方向，向右为正；oy 轴在纵平面内，方向水平向上；oz 垂直于纵平面 oxy，方向向外，三坐标轴正交（x、y、z），满足右手坐标系规则。地面坐标系与 CFD 模拟中采用的坐标系相一致。由于超空泡航行体运动过程中，空化器一直处于全沾湿状态，航行体由于空泡包裹，粘性阻力与升力很小，航行体的作用中心接近于空化器中心位置，考虑到航行体运动特性，将航行体原点取在空化器中心位置，航行体坐标系 ox_1 轴与航行体轴线相一致，指向航行体尾端；oy_1 轴垂直于航行体横向平面，方向垂直向上；oz_1 轴垂直与航行体纵向平面 ox_1y_1，方向向外，三坐标轴正交（x_1、y_1、z_1），遵循右手直角坐

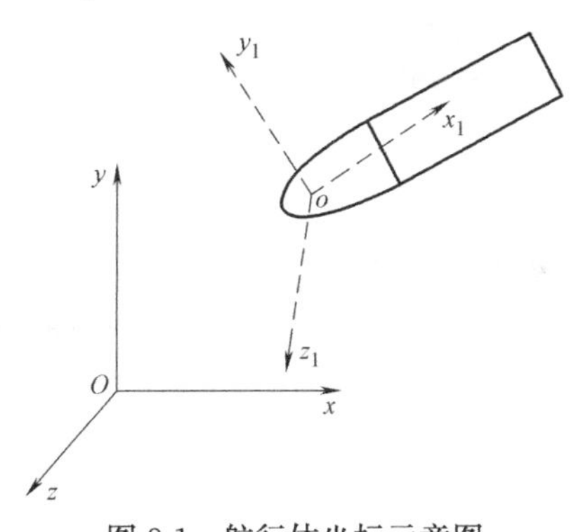

图 8-1　航行体坐标示意图

标系准则。

8.2.2 超空泡航行体运动学方程推导

在航行体坐标系下建立动力学方程，质心处速度可以表示为：

$$\vec{v}_o=\vec{v}_g+\vec{\omega}\times\vec{R}_g \tag{8-1}$$

式中：$\vec{v}_g$——质心速度；

$\vec{v}_o$——航行体坐标系原点的速度；

$\vec{\omega}$——航行体坐标系角速度。

由动量定理可以推得：

$$\vec{v}_o=\vec{v}_g+\vec{\omega}\times\vec{R}_g=\begin{pmatrix}u\\v\\w\end{pmatrix}+\begin{vmatrix}i & j & k\\p & q & r\\x_g & 0 & 0\end{vmatrix}=\begin{pmatrix}u\\v+rx_g\\w-qx_g\end{pmatrix} \tag{8-2}$$

$$m\vec{a}_g=m\frac{\mathrm{d}\vec{v}_g}{\mathrm{d}t}=m\left[\frac{\partial\vec{v}_o}{\partial t}+\omega\times\vec{v}_o+\frac{\partial\omega}{\partial t}\times\vec{R}_g+\vec{\omega}\times(\vec{\omega}\times\vec{R}_g)\right]$$

$$=m\begin{pmatrix}\dot{u}-rv+qw-(q^2+r^2)x_g\\\dot{v}+ru-pw+(\dot{r}+pq)x_g\\\dot{w}-qu+pv+(pr-\dot{q})x_g\end{pmatrix}=\begin{pmatrix}F_x\\F_y\\F_z\end{pmatrix}=\vec{F} \tag{8-3}$$

式中：u——航行体坐标系 x 方向速度；

v——航行体坐标系 y 方向速度；

w——航行体坐标系 z 方向速度；

p——航行体坐标系绕 x 轴角速度；

q——航行体坐标系绕 y 轴角速度；

r——航行体坐标系绕 z 轴角速度；

x_g——航行体坐标系质心距空化器中心 x 方向距离。

航行体质心动量矩方程：

$$\vec{L}_g=I\vec{\omega} \tag{8-4}$$

式中：I——航行体转动惯量；

L_g——航行体相对于质心动量矩。

航行体质心动量矩方程可表示为：

$$\vec{M}_g=\frac{\mathrm{d}\vec{L}_g}{\mathrm{d}t}=I\dot{\omega}+\vec{\omega}\times I\vec{\omega}=\begin{pmatrix}I_x\dot{p}\\I_y\dot{q}\\I_z\dot{r}\end{pmatrix}+\begin{vmatrix}i & j & k\\p & q & r\\I_xp & I_yq & I_zr\end{vmatrix}=\begin{pmatrix}I_x\dot{p}-I_yrq+I_zqr\\I_y\dot{q}+I_xrp-I_zpr\\I_z\dot{r}+I_ypq-I_xqp\end{pmatrix} \tag{8-5}$$

质心动量矩方程转化为空化器中心动量方程：

$$\vec{M}_o=\vec{M}_g+\vec{R}_g\times\vec{F} \tag{8-6}$$

$$\vec{M}_o=\begin{pmatrix}I_x\dot{p}+(I_z-I_y)rq\\ I_y\dot{q}+(I_x-I_z)pr-mx_g(\dot{w}-qu+pv+x_g(pr-\dot{q}))\\ I_z\dot{r}+(I_y-I_x)qp+mx_g(\dot{v}+ru-pw+x_g(\dot{r}+pq))\end{pmatrix}=\begin{pmatrix}M_x\\ M_y\\ M_z\end{pmatrix} \tag{8-7}$$

方程（8-3）、方程（8-7）就是地面坐标系下，航行体对于空化器中心的动力学方程。

本节只在纵平面内求解，所以绕弹体坐标系 x_1、y_1 轴角速度，$p=0$、$q=0$，方程（8-3）、方程（8-7）可以简化为：

$$m(\dot{u}-rv-r^2x_g)=F_x$$
$$m(\dot{v}+ru+\dot{r}x_g)=F_y$$
$$I_z\dot{r}+mx_g\dot{v}+mx_gru=M_z \tag{8-8}$$

航行体对于地面坐标系运动方程：

$$\dot{X}_e=u\cos\theta-v\sin\theta$$
$$\dot{Y}_e=u\sin\theta+v\cos\theta \tag{8-9}$$

式中：$\dot{X}_e$——航行体 x 方向速度；

$\dot{Y}_e$——航行体 y 方向速度；

θ——航行体俯仰角；

u——航行体坐标系 x_1 方向速度；

v——航行体坐标系 y_1 方向速度。

方程（8-8）是简化后的航行体动力学方程，方程（8-9）是航行体在纵平面内运动方程。

$$\begin{cases}u^{t+1}=u^t+\dot{u}\,\mathrm{d}t\\ v^{t+1}=v^t+\dot{v}\,\mathrm{d}t\\ r^{t+1}=r^t+\dot{r}\,\mathrm{d}t\end{cases} \tag{8-10}$$

$$\theta^{t+1}=\theta^t+r^t\mathrm{d}t \tag{8-11}$$

首先通过CFD模拟得到当前时间步航行体力、力矩（F_x，F_y，M_z），与前一时刻得到的航行体弹体坐标系下 x_1 方向速度 u^t、y_1 方向速度 v^t、绕 z_1 轴角速度 r^t 以及俯仰角 θ^t，代入航行体动力学方程（8-8），得到航行体弹体坐标系下 x_1 方向加速度 $\dot{u}$、y_1 方向加速度 $\dot{v}$、绕 z_1 轴角加速度 $\dot{r}$；进一步通过式（8-10）、式（8-11）得到下一时间步航行体弹体坐标系下 x_1 方向速度 u^{t+1}、y_1 方向速度 v^{t+1}、绕 z_1 轴角速度 r^{t+1} 以及俯仰角 θ^{t+1}。通过航行体弹体坐标系下 x_1 方向速度 u^{t+1}、y_1 方向速度 v^{t+1} 以及俯仰角 θ^{t+1} 代入航行体运动方程（8-9），得到地面坐标系下航行体速度分量 $\dot{X}_e$、$\dot{Y}_e$。

8.3　超空泡航行体弹道、姿态模拟

本节通过设定边界速度入口为时间函数，采用相对运动原理，实现航行体沿横向变速运动。在每一时间步内，首先通过CFD求解空泡流控制方程，得到流场参数与航行体力

与力矩（F_x，F_y，M_z）；通过 udf 调用 Matlab 程序（自编程序用于求解航行体动力学方程与运动方程），把航行体力与力矩数据传递给自编程序。通过求解航行体动力学方程与运动方程得到航行体主要运动参数，纵平面内地面坐标系下航行体速度分量 $\dot{X}_e$、$\dot{Y}_e$；通过 udf 将航行体速度分量传递给 CFD 动网格刚体运动函数，实现航行体纵平面内刚体运动；计算动网格控制方程；判断计算条件是否满足，如果不满足计算求解空泡流控制方程下一时刻流场参数；将航行体坐标定义在航行体空化器中心，航行体变速运动通过对运动方程的求解实时在计算域入口及外边界施加。航行体纵平面内绕质心转动直接采用动量距方程控制航行体边界三维网格变形实现（动网格技术）。基于以上设置，可以对航行体纵平面内运动轨迹、航行体姿态进行预测。

具体的航行体弹道、姿态计算流程如下（图 8-2）：

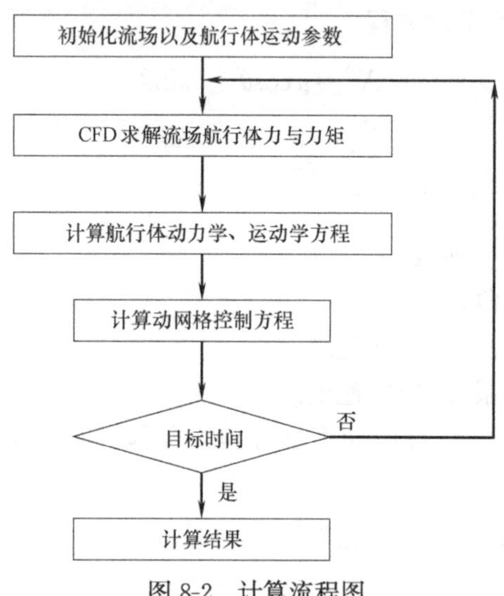

图 8-2　计算流程图

8.3.1　计算模型及边界条件设置

前面已经对空泡形态特性、流体动力特性进行了大量研究，并与试验进行比较，结果可信。在此对航行体纵平面内自由无控弹道预测，对比不同质心位置航行体纵平面内姿态。数值模拟采用典型航行体模型，主要由头部圆盘空化器、锥柱段弹体组成。计算域与前面设置相同，计算域入口、出口分别定为速度入口与压力出口，求解域采用六面体结构化网格。设航行体以 $v_0=100\text{m/s}$ 的初速度和 $\theta_0=0\text{rad/s}$ 的初始角速度在水中自由减速航行，转动惯量 $I_z=1.3\text{kg}\cdot\text{m}^2$，航行体质量 $m=8\text{kg}$，质心位置分别为 $X_g=0.15\text{m}$、$X_g=0.3\text{m}$、$X_g=0.4\text{m}$、$X_g=0.45\text{m}$，航行体长 $L=0.5\text{m}$（表 8-1）。图 8-3 给出了航行体物理模型与质心位置示意图。

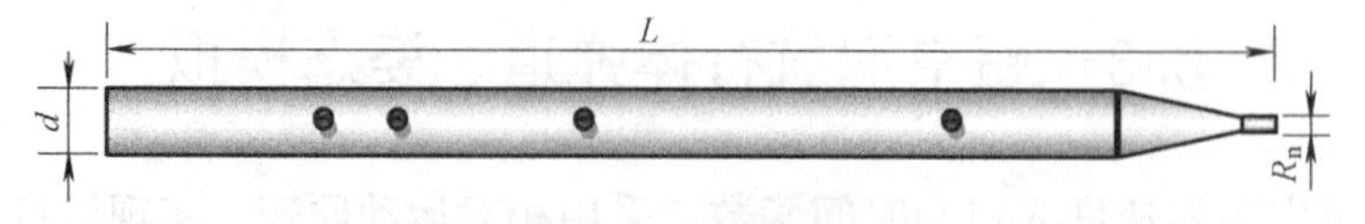

图 8-3　航行体物理模型

航行体模型参数　　表 8-1

质心位置(m)	模型长度(m)	模型直径(m)	转动惯量(kg·m²)	质量(kg)
0.15	0.5	0.03	0.035	0.11
0.3	0.5	0.03	0.038	0.11
0.4	0.5	0.03	0.040	0.11
0.45	0.5	0.03	0.041	0.11

8.3.2　计算结果

首先通过定常求解得到稳定的超空泡形态，航行体速度 $v=100\text{m/s}$，航行体完全被超空泡包裹。航行体无控弹道数值模拟引入如下假设：

(1) 航行体的密度均匀，为刚体；

(2) 航行体运动过程中质心与质量不发生改变。

图 8-4 给出了不同速度下空泡形态 ($v_1>v_2$)，从图中可以看出随速度减小空泡对航行体的包裹越小。

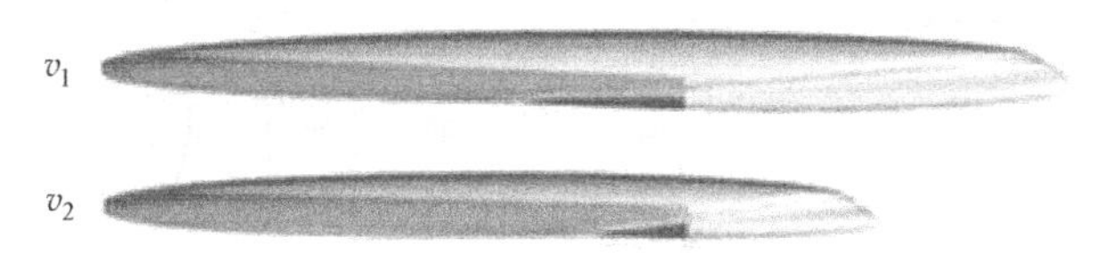

图 8-4　空泡形态

图 8-5 给出了航行体减速过程中航行体空化器中心运动轨迹，由图中可以看出航行体头部不断下沉，距离空化器中心初始位置垂直距离加大。

图 8-6、图 8-7 分别给出了航行体自由减速运动时纵平面内航行体 y 轴方向运动距离、航行体纵平面内俯仰角变化曲线，并与试验结果进行了比较。从图中可以看出，航行体 y 轴方向运动距离的试验结果明显大于数值模拟结果；航行体俯仰角的试验结果明显大于数值模拟结果，这是因为试验环境采用的是密闭水槽，同时试验的环境压力小于数值模拟的环境压力，对航行体升力与升力矩有一定影响，因此数值模拟结果小于试验结果。数值模拟结果与试验结果整体趋势一致，偏差在允许范围内，因此本节所采用的流体控制方程与航行体动力学方程耦合求解航行体纵平面内轨迹方法可行，预测结果可信。

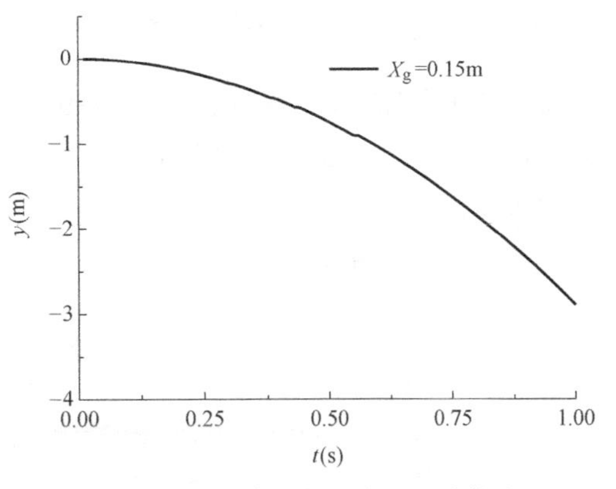

图 8-5　航行体空化器中心运动轨迹

图 8-8 给出了航行体尾部截面空泡轮廓线，为了便于方便比较，将航行体 y 轴负向尾部的空泡轮廓线取反号，y 轴上半平面轮廓线为航行体尾部接触空泡壁面。

当包裹航行体的超空泡闭合在射弹尾部时，由于射弹转角及重力的共同作用，射弹空

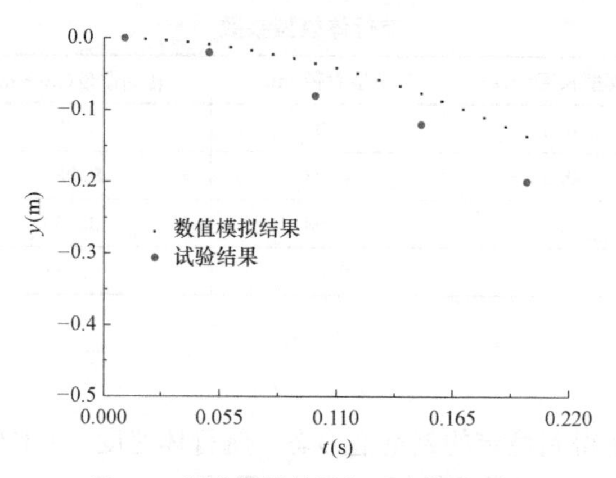

图 8-6 深度模拟结果与试验结果对比

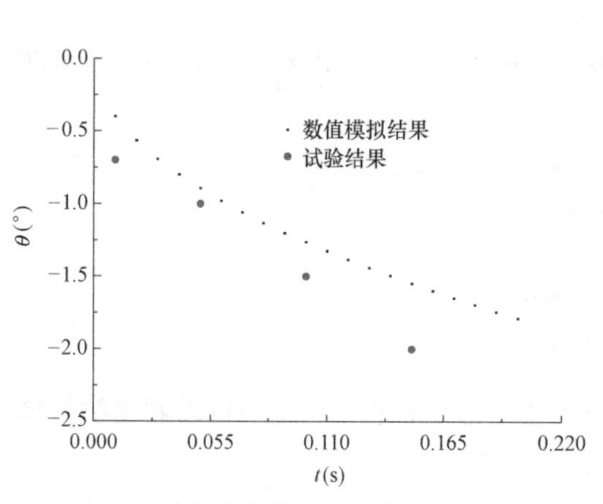

图 8-7 俯仰角模拟结果与试验结果对比

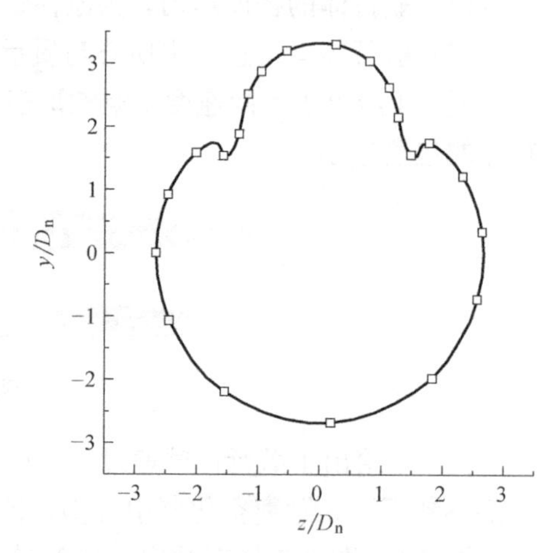

图 8-8 尾部空泡截面轮廓

泡形态和压力分布呈非对称状态。图 8-9 给出了 $t=0.4\mathrm{s}$ 时刻流场压力图，该时刻射弹转角为负，空泡呈上漂状态，由图中可以看出射弹压力高峰区主要集中在空化器前缘以及空泡闭合区域。

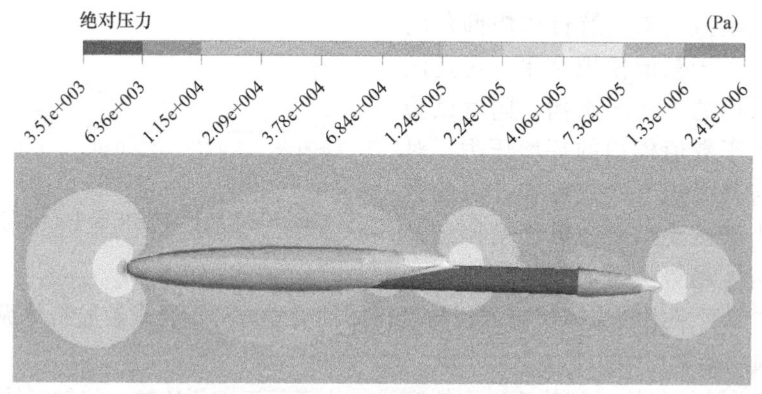

图 8-9 流场压力云图

图 8-10 给出了航行体在空泡闭合区压力系数分布，结合图 8-9 可以看出，射弹背水

面空泡闭合区域压力峰值高于迎水面压力峰值。

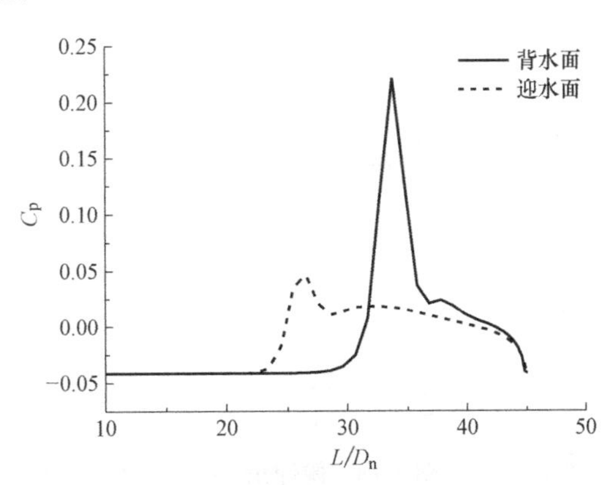

图 8-10　上下表面空泡闭合区域压力系数分布

图 8-11 给出了航行体不同质心位置空化器中心 y 轴运动轨迹，质心位置位于空化器中心 0.15m 时，运动 1s 后空化器中心偏离水平位置向下 3.1m；质心位置位于空化器中心 0.3m 时，运动 1s 后空化器中心偏离水平位置向下 2m；质心位置位于空化器中心 0.4m 时，运动 1s 后空化器中心偏离水平位置向下 0.5m；当质心位置接近航行体尾部时，空化器中心偏离初始水平位置向上 0.5m。说明质心位置越靠近空化器中心，偏离水平位置越远；当质心位置接近航行体尾部时，运动后空化器中心偏离水平位置向上。

图 8-12 给出了航行体不同质心位置空化器中心 y 轴方向运动速度变化曲线，由图中可以看出，质心位置越接近空化器中心，向下运动速度越大；质心位置靠近航行体尾部，运动速度向上。

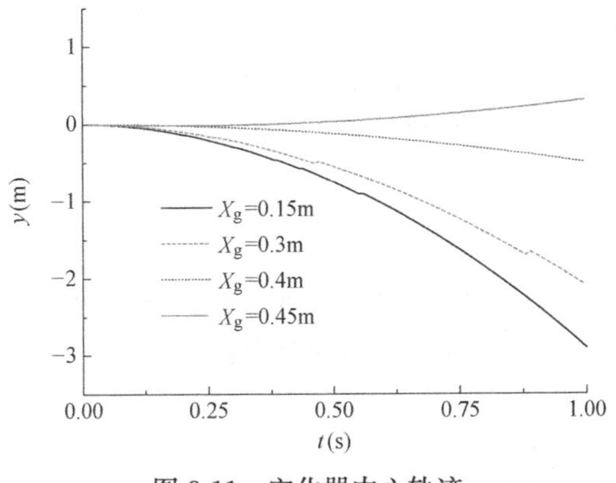

图 8-11　空化器中心轨迹

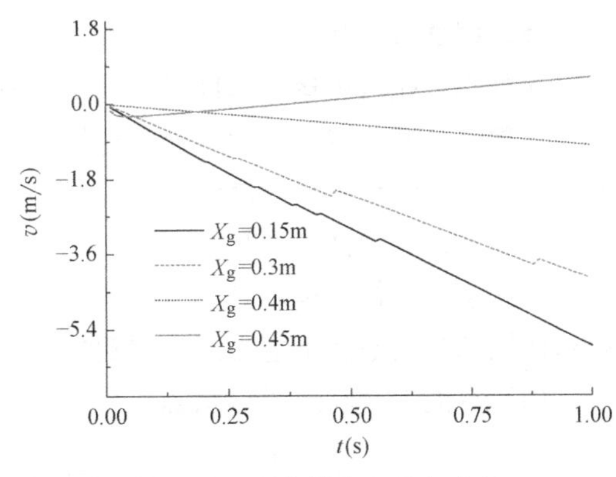

图 8-12　空化器中心垂向速度

图 8-13 给出了航行体不同质心位置，航行体俯仰角变化曲线，由图中可以看出，质心位置 $X_g=0.15\text{m}$、$X_g=0.3\text{m}$、$X_g=0.4\text{m}$，航行体运动一段时间后，航行体俯仰角都达到稳定状态。而质心位置接近航行体尾部时 $X_g=0.45\text{m}$，航行体最终无法通过尾部滑行力达到平衡状态，航行体最终失稳，这种情况是实际运动中不允许的。

图 8-14 给出了航行体不同质心位置，航行体俯仰角速度变化曲线，由图中可以看出，航行体运动一段时间后，航行体俯仰角都达到稳定状态，俯仰角速度接近 0 值。而质心位置接近航行体尾部时 $X_g=0.45\text{m}$，航行体俯仰角速度一致在减小，但航行体最终无法通过尾部滑行力达到平衡状态，航行体最终失稳。

8.3.3　航行体运动稳定

由质心位置对航行体运动轨迹影响研究，可以发现，航行体质心位置直接影响到航行体运动稳定，所以在这里对航行体运动稳定进行讨论。

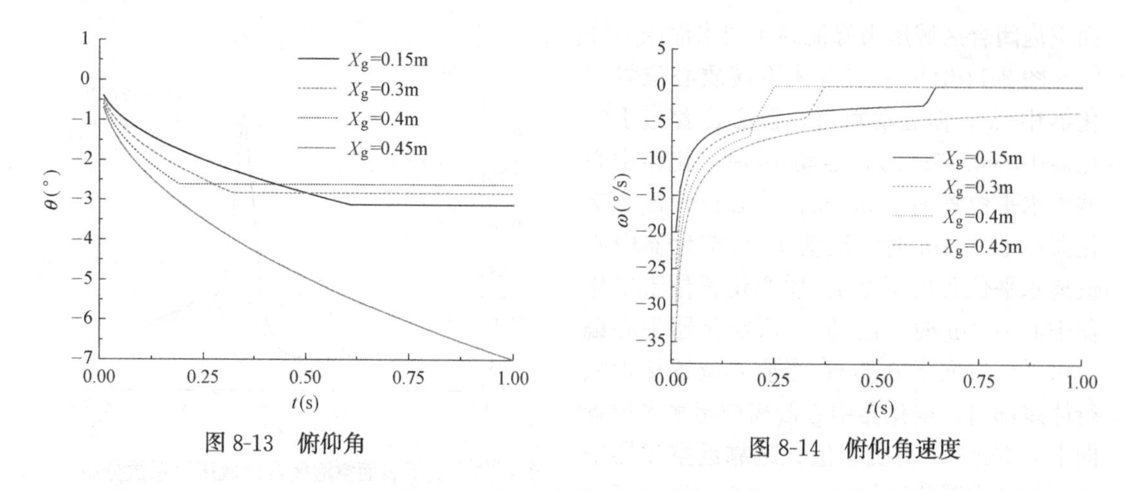

图 8-13　俯仰角　　　　图 8-14　俯仰角速度

Savchenko 提出了 4 种空泡航行体运动稳定模式（图 8-15），如下所示：

（1）双空泡流运动状态

该状态下航行体运动速度通常小于 70m/s，航行体前端空泡与尾部空泡不连通，靠近尾部的部分弹体与水接触，航行体头部和尾部沾湿部分的弹体受到升力作用，满足经典稳定运动状态。

（2）尾部滑行状态

该状态下航行体运动速度通常处于 50～200m/s 之间，航行体完全被超空泡包裹，航行体尾部部分截面浸入水中，处于滑行状态，航行体头部和浸入水中的尾部弹体截面受到升力作用，达到整体稳定运动状态。

（3）尾部周期性拍击状态

该状态下航行体运动速度通常处于 300～900m/s 之间，航行体完全被超空泡包裹，航行体尾部与空泡上下壁面产生周期性撞击作用，达到整体稳定运动状态。

（4）空泡内部高速滑行状态

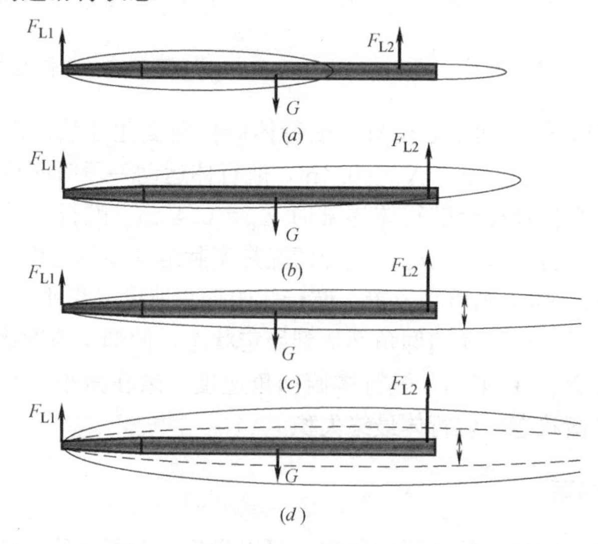

图 8-15　空泡航行体稳定运动模式

该状态下航行体运动速度通常大于 1000m/s，航行体运动速度极高，空泡内的气动力以及接近空泡界面的蒸汽射流作用力为航行体提供升力作用，对航行体的稳定性产生明显作用。

最常见的运动状态如图 8-15（*b*）所示，航行体在低速情况下主要是靠空化器作用力与航行体尾部滑水作用力达到稳定，与前面数值模拟得到的稳定状态相一致。

图 8-16 给出了超空泡航行体减速运动姿态模拟结果与试验中采集的图片的对比，可以看出超空泡航行体尾部滑水姿态具有相似性，尾部流场完全相同，所以可以认为本节中提出的超空泡航行体姿态与弹道模拟方法是可信的，可以用于对超空泡航行体与弹道的预测。

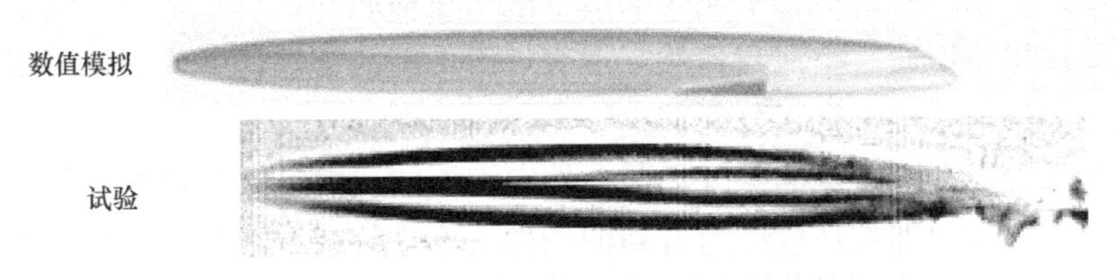

图 8-16　超空泡航行体姿态试验与数值模拟对比

8.4　本 章 小 结

本章通过理论推导，得到了航行体相对于地面坐标系下的运动方程，结合 udf 二次开发，对航行体动力学方程、运动方程与空泡控制方程耦合求解，实现了航行体纵平面弹道预测、姿态模拟。通过比较航行体质心位置不同时航行体减速运动过程，得到了航行体质心对航行体纵平面轨道与姿态的影响规律。航行体质心位置越靠近空化器中心位置，航行体减速运动俯仰角越小，航行体空化器中心运动距离越小。

第9章 航行体非定常过程通气空泡流场特性数值研究

9.1 引 言

航行体在水下发射过程中，由于发射筒内的压缩空气一定会卷入头部与肩部空泡内形成通气空泡。在整个水下发射过程中同时向肩空泡内主动通气，也会形成通气空泡。在航行体非定常运动过程中，通气空泡与自然空泡表现出不同的特性，本章主要采用数值模拟的方法对通气空泡流场特性进行了分析。

通气空泡内部会存在一定量的空气，与自然空泡不同。而空气与自然空化形成的水蒸气相比较具有非凝结性，即在环境压力升高的条件下不易凝结或溶解于水中。因此，本章首先基于理想球形空泡溃灭模型理论上分析了通气空泡的溃灭特性；然后采用均质平衡流模型及空化模型分析了泡内气体对非定常过程流场的影响；最后对主动通气空泡的非定常过程流场特性进行了分析。

9.2 通气空泡的溃灭特性分析

假设空泡在溃灭过程中，其内部只含有非可凝结气体，而不含有水蒸气，所含气体质量在溃灭过程中保持不变，并且忽略表面张力的影响。空泡溃灭的初始条件是：泡内充满压力为 p_{g0} 的理想气体；泡外水体中无限远处的压力为 p_∞；泡内气体的压缩过程为绝热过程。

空泡被压缩时，自泡壁面至无穷远处的水体将运动，这部分水的动能为：

$$T=\frac{1}{2}\rho_f\int_R^\infty(u_r)^2\cdot 4\pi r^2\mathrm{d}r=2\pi\rho_f\dot{R}^2R^3 \tag{9-1}$$

当空泡溃灭时，设其体积由 V_0 变为 V，半径由 R_0 变为 R，则各部分力做功分别为：

外力 p_∞ 做的功为：

$$W_p=\int_{V_0}^V p_\infty\cdot\mathrm{d}V=-\frac{4}{3}\pi p_\infty({R_0}^3-R^3) \tag{9-2}$$

设气泡内气体压力为 p_g，则空泡溃灭过程中做的功为：

$$W_g=-\int_{V_0}^V p_g\cdot\mathrm{d}V \tag{9-3}$$

对于理想气体有：

$$p_gV^n=C \tag{9-4}$$

在绝热情况下，泡内气体做的功为：

$$W_g=-\int_{V_0}^V\frac{C}{V^n}\cdot\mathrm{d}V=-\frac{4}{3}\pi\cdot\frac{p_{g0}}{n-1}\cdot{R_0}^3\left[1-\left(\frac{R_0}{R}\right)^{3(n-1)}\right] \tag{9-5}$$

根据能量守恒，空泡溃灭过程应存在如下关系：

$$W_p + W_g + T = 0 \tag{9-6}$$

将式（9-1）、式（9-2）和式（9-5）代入式（9-6），可得：

$$\dot{R}^2 = \frac{2}{3} \cdot \frac{p_{g0}}{\rho_f} \cdot \frac{1}{n-1}\left[\left(\frac{R_0}{R}\right)^3 - \left(\frac{R_0}{R}\right)^{3n}\right] - \frac{2}{3} \cdot \frac{p_\infty}{\rho_f}\left[1 - \left(\frac{R_0}{R}\right)^3\right] \tag{9-7}$$

由式（9-7）可知，当空泡内部充满非可凝结气体时，$\dot{R}=0$ 不仅发生在 $R=R_0$ 时刻（即初始状态），而且还发生在式（9-6）等于零时即

$$\frac{p_{g0}}{p_\infty} \cdot \frac{1}{n-1}\left[\left(\frac{R_0}{R}\right)^3 - \left(\frac{R_0}{R}\right)^{3n}\right] = 1 - \left(\frac{R_0}{R}\right)^3 \tag{9-8}$$

当空泡压缩程度较大时，即 $R \ll R_0$ 时，认为：

$$1 - \left(\frac{R_0}{R}\right) \approx -\left(\frac{R_0}{R}\right) \tag{9-9}$$

将式（9-8）代入式（9-9），可解得溃灭过程中 $\dot{R}=0$ 时刻，空泡的最小半径 R_{min}

$$\frac{R_0}{R_{min}} = \left[1 + (n-1)\frac{p_\infty}{p_{g0}}\right]^{\frac{1}{3(n-1)}} \tag{9-10}$$

对式（9-10）求导可得：

$$\ddot{R} = -\frac{p_\infty}{\rho_f} \cdot \frac{R_0{}^3}{R^4} - \frac{p_{g0}}{\rho_f(n-1)}\left(\frac{R_0{}^3}{R^4} - n\frac{R_0{}^{3n}}{R^{3n+1}}\right) \tag{9-11}$$

由式（9-11）可求得，理想球形空泡溃灭过程的空泡壁面位移及速度的变化曲线，如图 9-1 所示。

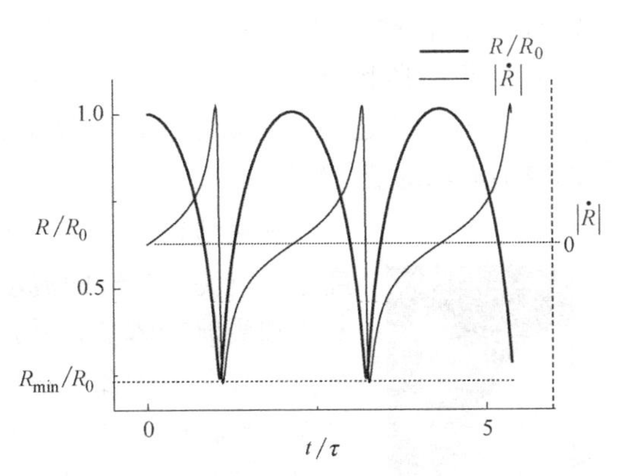

图 9-1　内部为非可凝结气体的空泡壁面运动位置及速度曲线

由以上分析可知，在空泡溃灭至 $\dot{R}=0$ 时刻，空泡直径压缩至最小，空泡内部的气体也被急剧压缩至较高的压力，此时空泡会在内部压力作用下膨胀。当其膨胀至内部压力低于外部压力时，膨胀速度开始减缓最终为零，而后又开始收缩。这样理论上空泡形成了在最大及最小半径之间往复不断的振荡。实际上由于机械能的损耗，这种振荡过程必然是衰减的。这种对于孤立气泡的溃灭回弹现象已被试验所证实。对该现象进一步推广，可以认为在非定常通气空泡的溃灭过程中同样将存在类似的现象。

由式（9-11）可得不同泡内压力下的空泡壁面运动速度曲线，如图 9-2 所示。

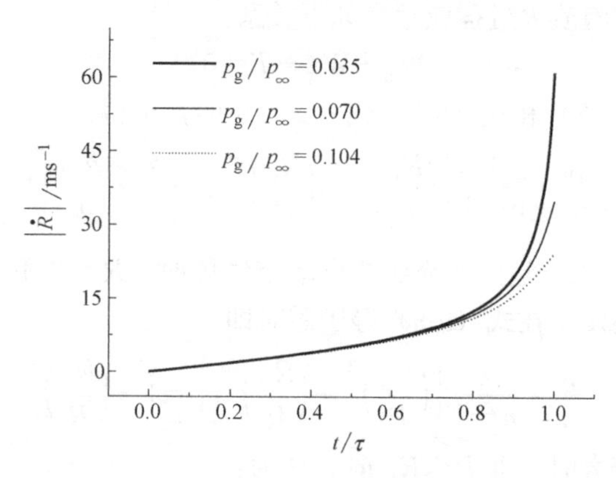

图 9-2　不同泡内压力情况下的空泡溃灭过程

如图 9-2 所示，随着空泡溃灭初始状态泡内压力的升高，空泡壁面运动速度逐渐减小。如此可以推断空泡壁面水体拍击固壁表面时所产生的冲击压力也将有一定程度的减弱。

9.3　通气空泡泡内气体对非定常过程流场的影响

9.3.1　通气空泡初始条件

航行体在发射过程中，由发射筒进入水中，发射筒内的空气会混入低压空泡内。为了分析混入空气对航行体非定常过程流场的影响，采用通气方法模拟混入空气的空泡流场。建立通气计算模型，为分析不同头部形状对混入气体流动方式的影响，进行通气空泡计算，其中自然空泡数为 $\sigma_v=0.3139$。待通入一定量空气后，停止通气。然后再继续进行计算，观察已经混入空气的空泡流场的变化情况。

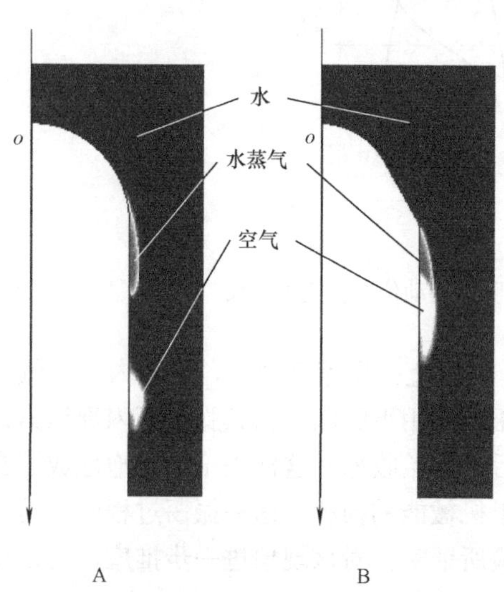

图 9-3　不同头形航行体混入空气后的相图

观察结果表明，航行体头部形状会很大程度上影响混入空气的流动方式。如图 9-3 所示，对于圆头航行体 A，其肩部低压区仍不足以低至使空气滞留于此，形成水蒸气与空气的混合气泡。航行体 B 头形大体呈圆锥状，其圆锥与下部连接处曲率半径较小，致使流场产生压力减小形成较强低压区域，使空气滞留于此低压区，与水蒸气混合形成相对稳定的气泡。

9.3.2　空泡内混有空气对非定常流场的影响

由理想球形空泡溃灭过程分析表明，空泡内的非可凝结气体会使空泡溃灭存在回弹现象。为验证非定常空泡溃灭同样存在上述现象，计算了空泡内含有空气的非定常过程流场。这一过程流场各相分布云图变化如图 9-4 所示。

对于非定常空泡中未含有空气的情况，非定常空泡溃灭过程的各相分布云图变化如图 9-5 所示。对比显示，两种空泡溃灭存在一定的共同点。在航行体头部穿过水面过程中，附着在航行体肩部的空泡，在自由液面作用下，开始收缩并最终溃灭。同时对比也展现出两种情况空泡溃灭有明显不同之处，含空气空泡的溃灭过程存在空泡的回弹现象。如图 9-5 所示，$St=1.2890$ 时，空泡收缩溃灭至最小体积。此后空泡开始逐渐回弹，$St=1.6476$ 时空泡体积达峰值。此后又开始逐渐收缩至最小（$St=2.0472$），而后又开始回弹。

这种非定常空泡溃灭与回弹现象，与以往对处于静水中孤立空泡溃灭的研究一致。空泡生命周期一般包括有回弹再生的阶段。在水洞试验中，这种回弹能经常观察到。然而，试验中也曾观察到不回弹的空泡。在试验中采用特殊的技术，可以获得由火花产生的空泡，泡内仅含微不可计的空气，溃灭时未见显著的回弹。特殊技术包括将电极完全浸湿并使所有的游离气体在压力下溶解。反之，含有一定数量空气的火花诱发的空泡，则显示回弹现象。

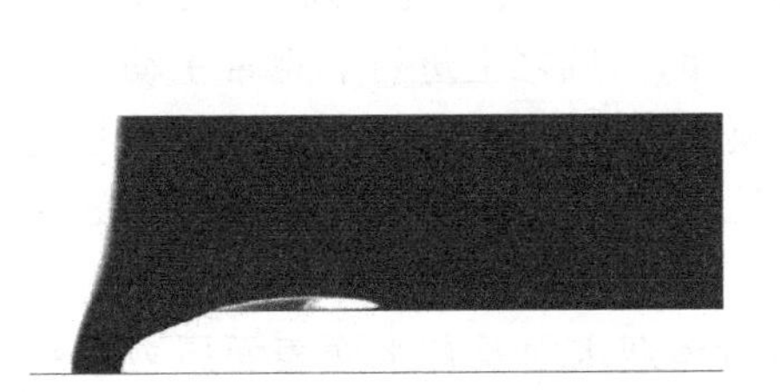

图 9-4　空泡中混有空气的非定常流场各相云图

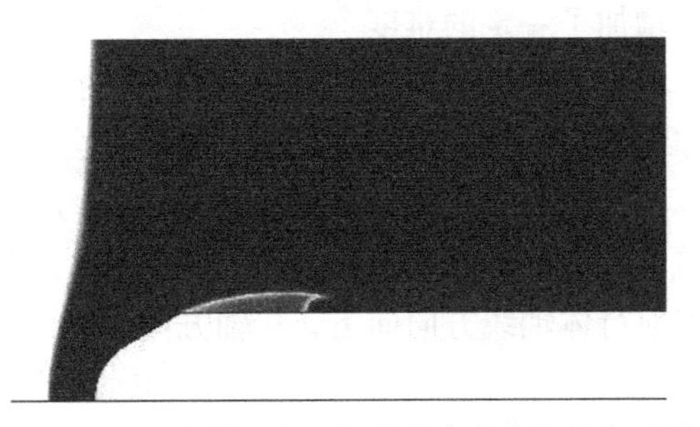

图 9-5　空泡中未混有空气的非定常流场各相云图

由静水中空泡溃灭的试验可知，由于流体中存在各种微小的扰动，空泡回弹后的形态并不能恢复至溃灭之前的状态，而是呈现各种不规则的形态，其中有时还伴有射流的形成。同样对比非定常空泡的溃灭过程，可见空泡溃灭回弹至最大体积时，空泡形态也较不规则。同时空泡回弹后的体积也较初始状态有所减小，这表明在空泡溃灭回弹的过程中，由于种种原因损失了总机械能。这其中既有液体中粘性内摩擦损耗能，也有被泡内气体摄走的不可逆熵能。

图 9-6 和图 9-7 所示分别为空泡中是否混有空气的非定常过程压力云图。比较两种情况的压力场变化情况，可见两种情况之间存在一定的共同现象，即附着在航行体肩部的空泡，在自由液面的作用下开始收缩并最终溃灭消失。由于空泡内部具有较低压力，因此空泡的收缩导致周围流体以很高速度冲击航行体表面，形成较高的压力作用于航行体表面。

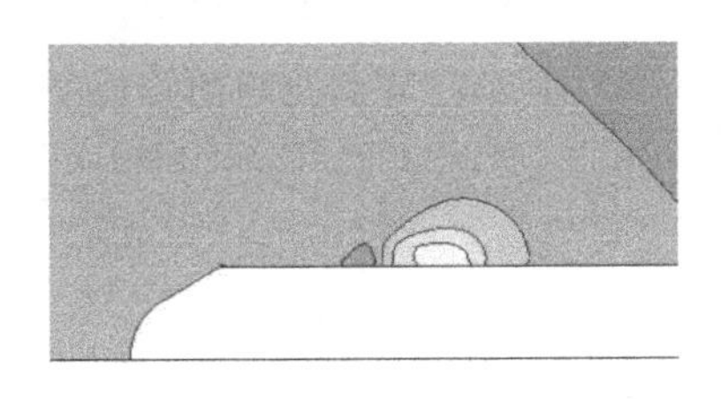

图 9-6　空泡中混有空气的压力云图（单位：Pa）

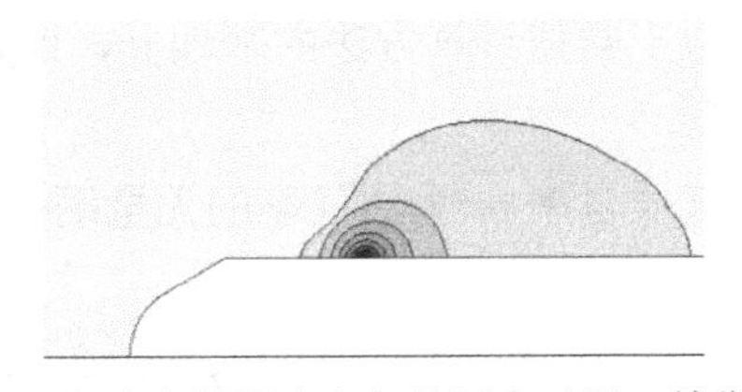

图 9-7　空泡中未混有空气的压力云图（单位：Pa）

对比也显示出较大的差异。首先，由于肩空泡内混有一定量空气时，空泡在溃灭过程中存在回弹现象。此现象即表明，空泡附近的水流会多次拍击航行体表面，使其形成多次的脉冲局部高压。空泡内部压力最低区域仅限于锥段和柱段连接处一小部分区域，其他部分的压力较其有略微提高。

9.4 非定常过程通气空泡流场特性数值模拟

9.4.1 非定常过程通气空泡初始条件

航行体非定常段的初始状态即为水下航行段的末状态，为此需开展一定量的水下航行段通气空泡研究，以分析通气率等参数对非定常空泡初始状态的影响。航行体通气空泡较一般的通气空泡研究有很大不同。首先，航行体水下航行段（尾部至头部触水）时间相对较短，因此通气为瞬态过程；其次，航行体水下航行段为上升过程，环境压力随时间变化；再次，发射平台存在牵连速度，空泡非对称性较强。这些特别之处为通气空泡数值模拟增加了一定的难度。

本节通气空泡计算过程分为两步：第一步，初始化末状态的空泡，该初始空泡是通过非定常通气过程形成的；第二步，在第一步初始空泡的基础之上进行非定常主动通气计算。通过匀速改变计算模型压力出口的压力值，以模拟航行体匀速上升过程中静水压力的减小。为描述问题方便，建立如图 9-8 所示的坐标系。坐标原点位于航行体头部，z 轴沿着航行体轴线方向向下，y 轴方向为牵连速度方向。

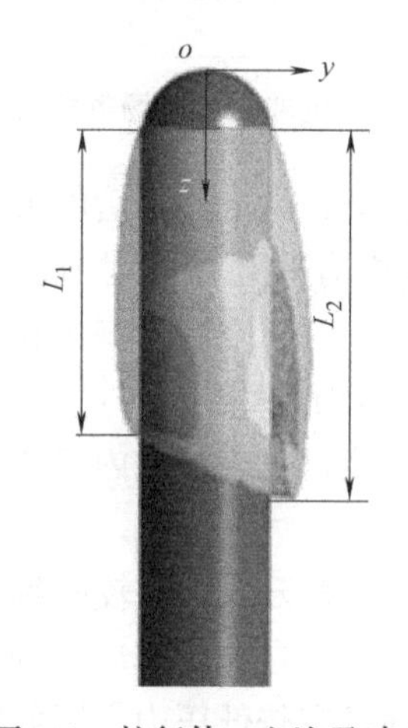

图 9-8 航行体、空泡及建立的坐标系相对位置示意图

主动通气过程中航行体迎水面及背水面表面压力系数的分布情况。航行体肩部 $z=0.5d$ 附近空泡内部由低压气（汽）水混合物填充，可以看出，该区域内压力始终保持较低的水平并且均匀分布。

由航行体迎水面及背水面的表面压力系数分布情况可见，迎水面空泡闭合区域（$zd^{-1}=2\sim3$）压力较背水面空泡闭合区域（$zd^{-1}=5\sim8$）较高，且被水面该区域的压力变化较为平缓。

随着通气的进行以及环境压力的降低，空泡长度逐渐增长，表现为此部分低压区域逐渐延伸范围扩大。随通气的进行，航行体表面空泡内压力逐渐升高。如：被水面最低压力由 $C_p=-0.125$ 提高至 $C_p=-0.050$；迎水面最低压力由 $C_p=-0.140$ 提高至 $C_p=-0.050$。由此可见，通气有明显提升空泡内压力的作用。

在以上数值计算方法的基础上，计算了不同通气率对应非定常空泡的初始长度，如图 9-9 所示。

通气质量率 $\overline{m}$ 为通气率的无量纲参数

$$\overline{m}=\frac{\dot{m}}{vd^2\rho_g\cdot(p_a+\rho_f gh)/p_{atm}} \tag{9-12}$$

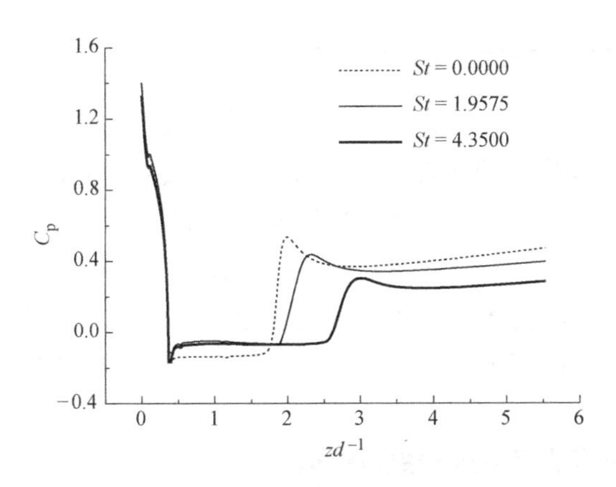

图 9-9　航行体表明压力分布

空泡长度 L_c 为：

$$L_c = \frac{L_1 + L_2}{2} \tag{9-13}$$

假设在本节所计算的通气范围内，通气量与空泡长度大致呈二次曲线关系，采用最小二乘法可以得到空泡长度与通气量的关系曲线。从图 9-9 中可以看出，空泡长度呈现随通气率的增大而增大的变化趋势。这表明较大的通气率可明显影响非定常过程初始时刻的空泡长度。

在工程中通常采用缩比模型试验的方法来确定通气空泡大小及泡内压力与同期率的关系。在缩比模型试验中有待解决的问题是要识别出影响航行体流场的各种力。在航行体通气空泡问题中，惯性力、重力和粘性力是首先要考虑的。在所要考虑的速度范围内惯性力始终是最重要的。重力和粘性力不可能同时满足相似要求，但重力和粘性力的相对重要性可以通过航行体速度加以选择和调整。在航行体非定常过程的水弹道模拟试验中，通常采用弗鲁德相似系统。

在弗鲁德相似系统中，重要的相似准数为弗劳德数和空泡数，而通常忽略雷诺数的影响。其中，弗鲁德数 Fr 是流场惯性力与重力之比，空泡数 σ 是流场静压和动压之比，而雷诺数 Re 是惯性力和粘性力之比。在空泡流中，粘性力导致的湍流有着重要的影响，而在水弹道模拟中对粘性力的忽略必然会对通气规律产生一定的误差。为研究这种影响，采用数值模拟的方法计算了在弗洛德数和初始空泡数相同但雷诺数不同的条件下，航行体水下航行段通气的瞬态过程，得到了不同通气质量率对应的非定常过程初始状态的空泡长度。

可以观察到在通气率较小的情况下两条曲线吻合较好。随着通气率的增加，两条曲线的差异逐渐增大，但总体上这种差异不是很大。对比 $Re=5.8\times10^7$ 和 $Re=5.8\times10^6$ 的通气关系曲线，可以观察到随着通气率的增加，两条曲线的差异逐渐增大，这种通气关系之间的差异较为明显。通过不同雷诺数的通气关系曲线对比，认为随着流场雷诺数之间差异的增大，其所得到的通气率关系曲线之间的差异也是逐渐增大的。这表明在缩比模型试验中，为了保证试验结果不至于有过大的失真，其间的雷诺数差异不易过大。

9.4.2 通气量对非定常过程空泡流场的影响

为分析通气量对非定常空泡溃灭过程的影响，采用第 4.3 节中的通气空泡数值计算模型，在考虑通入气体可压缩性的条件下，研究了通气量对非定常空泡多相流场特性的影响。计算条件为：航行体非定常自然空泡数为 $\sigma_v=0.3139$，非定常速度为 v，通气质量率分别取 $\overline{m}=0.012$ 和 $\overline{m}=0.052$。初始时刻，即当时间无量纲参数 $St=0.0$ 时航行体顶部最高点与自由液面相平，航行体表面压强分布如图 9-9 所示。由图 9-9 可见，高通气量所对应的空泡初始状态低压范围较大，泡内压力也较高，这将对空泡非定常过程中流场特性产生影响。

(1) 小通气流量空泡非定常过程数值模拟

在航行体非定常过程中，以小通气量（$\overline{m}=0.012$）向肩空泡内持续通入空气。整个过程中各相体积分数云图变化如图 9-10 所示。在持续通气过程中，空泡内部压力逐渐上升，以致自然空化现象受到抑制。图 9-10 中自然空化所形成的水蒸气几乎不可见。

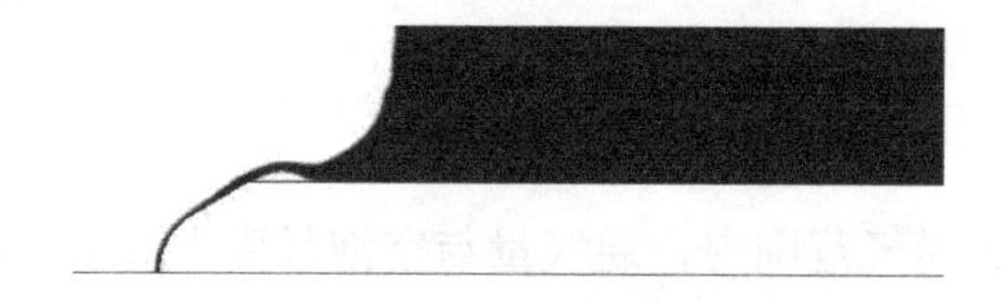

图 9-10 小通气量航行体出水过程各相体积分数云图

通气空泡在非定常过程中出现断裂现象（$St=1.1737$）。断裂形成上下两部分气泡。上部分空泡在通气的作用下逐渐膨胀，而下部分空泡由于没有持续气源的补充，在压力梯度作用下逐渐收缩至最终消失。

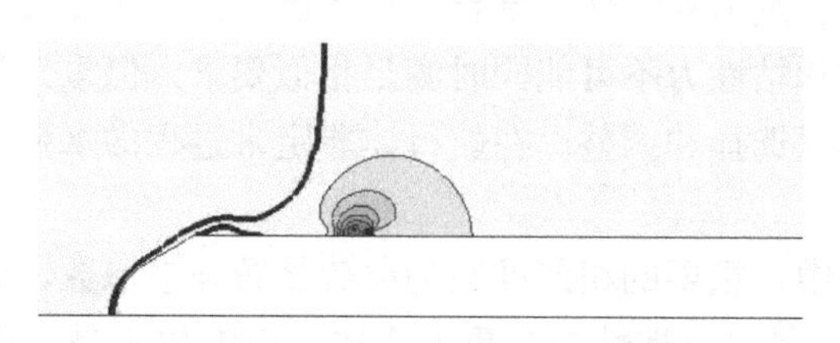

图 9-11 小通气量航行体出水过程压力云图（单位：Pa）

航行体非定常过程中，其周围流场压力云图变化情况如图 9-11 所示。图中黑色线条标记出空泡壁面及自由液面轮廓。由于通气率较小，在航行体头部触水时刻，空泡大小及泡内压力均增长有限。随着非定常的进行，空泡逐渐被拉长，并最终断裂。其断裂上部分形成了体积较小的通气空泡。随着通气进行，其内部压力逐渐升高，不会出现周围液体拍击航行体表面的情况。其断裂的下部分形成了混有低压空气的气泡。在其周围的液体会在压力梯度的作用下涌向空泡内部。与第 2 章所述的情况大致相同，空泡周围的流体以较大的速度拍击航行体壁面，并瞬时产生较高的压力。

(2) 大通气流量空泡非定常过程数值模拟

大通气量空泡非定常过程计算模型及方法与上述数值模拟相同，只是增加了通气量（$\overline{m}=0.052$）。其周围流场压力云图变化情况如图 9-12 所示，图中黑色线条标记出空泡壁面及自由液面轮廓。

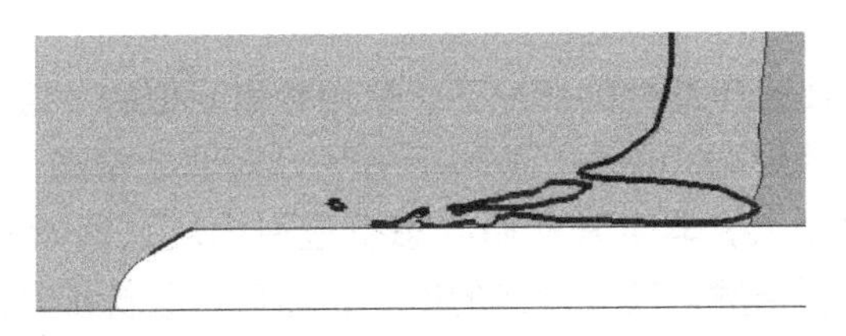

图 9-12　高通气量航行体出水过程压力云图（单位：Pa）

如图 9-12 所示，由于通气量较大，在航行体头部触水时刻，其空泡大小及内部压力均较低通气量情况下有所提高。在非定常过程中，由于空泡内外压力差减小，空泡收缩过程较低通气量情况缓慢。如在低通气量情况下，$St=1.1737$ 时，通气空泡断裂为上下两部分；而在高通气量下，$St=2.0574$ 时，通气空泡在自由表面作用下开始断裂。

当 $St=2.5692$ 时，断裂后上部分通气空泡在持续通气作用下，内部压力逐渐升高，最终与外界空气压力持平，且空泡壁面附近流体在重力作用下逐渐下落，包裹上部空泡的流体逐渐减少。这逐渐导致上部通气空泡破裂，与周围大气联通。

对比 $St=2.0574$ 和 $St=2.5692$ 时的压力云图，断裂后的下部分空泡在内外压差的作用下略有缩小。由于空泡内部为通入空气，受压缩后内部压力略有升高。泡内压力的升高消除了空泡内外的压力差，空泡收缩过程进一步减缓，空泡内压力进一步增加，如 $St=3.0815$ 时的压力云图所示。随着空泡内压力的增加及空泡附近流体在重力作用下逐渐下落，下部分空泡开始与大气联通，如 $St=3.5938$ 时的压力云图和空泡-自由液面轮廓线所示。

对比高低通气率两种情况的通气空泡非定常过程，可见通气率可明显影响非定常过程之初的空泡泡内压力空泡大小等参数。由理想球形空泡溃灭过程分析可知，随着泡内压力的提升和空泡长度的增加，空泡溃灭时刻延后，溃灭压力峰值降低。

9.5　本章小结

航行体在水下发射过程中，会将发射筒内的部分空气卷入肩空泡内而形成通气空泡。当向肩空泡内主动通气时，也会形成通气空泡。鉴于通气空泡在非定常溃灭过程中表现出与自然空泡不同的特性，本章主要采用数值模拟的方法对通气空泡流场特性进行了研究，并得到以下结论：

（1）基于理想球形空泡溃灭模型，考虑空泡内部气体为非凝结的理想气体，理论上分析了通气空泡的溃灭特性。结果表明，通气空泡在溃灭过程中泡内气体被压缩压力急剧升高，以致产生回弹现象。通过改变空泡初始时刻的泡内压力，得到了泡内初始压力对空泡溃灭速度的影响。泡内气体压力越高，溃灭速度越缓慢，溃灭至最小体积的时刻越延后。

（2）基于均质平衡流模型和空化模型，在考虑空泡内部气体可压缩性的情况下，研究了空泡内气体对非定常过程空泡流场特性的影响。首先，分析了不同头形空泡流中混入空气后的流场变化，结果表明，空化能力较强的头形易使空气卷入肩空泡内形成通气空泡；然后，分析了内部混有空气的肩空泡非定常过程流场特性，结果表明，由于肩空泡内含有非可凝结气体，其在非定常溃灭过程中会存在回弹现象，以致形成多次脉冲压力作用于航行体表面。

（3）在考虑通入气体可压缩性的情况下，采用数值模拟的方法研究了通气量对通气空泡非定常过程流场特性的影响。首先，分析了通气率对非定常通气空泡初始状态的影响，结果表明，随着通气率增大，非定常初始状态空泡泡内压强逐渐升高，空泡长度逐渐增大，在此基础上分析了雷诺数对通气规律的影响；然后，分析了非定常过程持续通气的通气空泡流场，高通气量在一定程度上减小了空泡内外压差，缓解了由空泡周围流体强烈拍击航行体壁面而产生的压力激励变化。

结　　论

本书以航行体非定常空泡流流体动力特性为主要研究对象，通过理论、数值与试验三者相结合的方法对空化器攻角变化、尾翼安装位置、尾翼弹出运动、尾翼攻角变化与航行体俯仰运动对空泡形态与流体动力影响进行了研究，并在此基础上，通过耦合求解航行体运动方程与空泡流控制方程，对超空泡航行体运动姿态进行研究，得到以下结论：

(1) 分别采用 k-ε 模型、k-ω 模型和 SST k-ω DES 模型三种湍流模型对航行体减速过程进行数值模拟，并与试验结果进行对比分析。结果表明：采用 k-ε 模型模拟得出的空泡尺寸与试验结果相差较大，k-ω 模型和 SST k-ω DES 模型模拟结果与试验结果比较近似。SST k-ω DES 模型得到的尾部空泡形态以及回射流现象都明显优于 k-ω。虽然三种湍流模型都能满足对空泡非定常特性模拟，但 SST k-ω DES 模型对空泡非定常特性模拟精度更高。

(2) 通过水洞试验研究，得到了通气空泡变化规律以及空化器攻角对通气空泡形态与流体动力特性的影响规律。通过空化器攻角变化数值模拟，得到以下结论：空化器攻角连续变化，空化器攻角为 0°时，航行体阻力系数最大；空化器攻角为正负极值时，航行体阻力系数最小；空化器攻角为 0°时，航行体阻力系数最小；空化器攻角为正负极值时，航行体阻力系数最大。

(3) 通过水洞试验研究，得到尾翼楔形角越大航行体升力越大的规律。通过对水平尾翼安装位置数值模拟，得到水平尾翼位置靠前导致空泡断裂，航行体阻力发生跳变规律。通过对水平尾翼弹出运动数值模拟，得到尾翼弹出高度对空泡形态以及流体动力的影响，当尾翼与空泡壁面接触时，流体动力发生跳变，尾部流场变化剧烈。通过对水平尾翼攻角变化数值模拟，得到航行体阻力系数随尾翼攻角增大而增大，正攻角使航行体升力增大、负攻角使航行体升力减小的结论。

(4) 采用相对运动方法，设定来流速度时间函数，实现航行体变速运动数值模拟；基于达朗贝尔原理，对流体相对运动方程进行推导，同时考虑到动坐标系牵连作用，采用流体相对运动动量方程代替 CFD 原有绝对运动动量方程，提高了数值模拟精度。分别对自然空化与通气空化状态下航行体变速运动过程中的空泡形态变化及流体动力特性进行了系统研究，得到了自然空化航行体加速度与空泡形态滞后时间的关系，通气空化状态下空泡形态具有脉动特性。

(5) 通过数值模拟对航行体在俯仰运动过程中的超空泡流场进行了研究，得到以下结论：航行体俯仰角对航行体流体动力影响较大，航行体俯仰角速度对空泡形态与尺寸影响较大，同时对航行体升力影响较大，航行体俯仰频率越高，升力越大。

(6) 通过理论推导，得到了航行体相对于弹体坐标系动力学方程与航行体相对于地面坐标系下运动方程；结合 udf 二次开发与 Matlab 自编程序，实现对航行体动力学方程、运动方程与空泡控制方程耦合求解；建立了航行体纵平面弹道预测、姿态模拟数学模型。通过比较航行体质心位置不同时航行体减速运动过程，得到了航行体质心对航行体纵平面轨道与姿态的影响规律。航行体质心位置越靠近空化器中心位置，航行体减速运动俯仰角越小，航行体空化器中心纵向运动距离越小。

本文的主要创新点如下：

(1) 通过水洞试验研究，获得了空化器攻角、尾翼楔形角对通气空泡形态以及流体动力特性的影响规律。

(2) 通过对 Fluent 的二次开发成功实现了空化器攻角变化、尾翼安装位置、尾翼弹出运动、尾翼攻角变化以及航行体俯仰变化空泡流动数值模拟，得到了空泡形态变化规律、流场压力分布变化规律、航行体流体动力变化规律。

(3) 采用相对运动方式，通过设定来流边界为时间函数，实现航行体变速运动数值模拟；考虑到动坐标系牵连作用，采用流体相对运动动量方程代替 CFD 中绝对运动动量方程（N-S 方程），提高了航行体变速运动模拟准确性。给出了航行体变速运动时自然空化条件下空泡形态滞后规律、通气空化下空泡形态脉动特性。

(4) 基于相对运动思想，对航行体动力学方程、运动方程进行推导；通过 udf 二次开发与 Matlab 自编程序，实现航行体动力学方程、运动方程与空泡流控制方程耦合求解，建立了航行体纵平面内姿态与无控弹道模拟数学模型，得到了航行体质心位置对航行体减速运动时航行体纵平面姿态与弹道的影响规律，为进一步研究航行体弹道提供参考。

虽然本书对空化器、尾翼以及航行体运动空泡流动进行了大量的数值模拟研究，取得了一些成果，还有很多问题有待进一步开展研究工作：

(1) 湍流模型的计算精度主要是通过空泡形态与流体动力的试验数据进行了论证，主要进行了宏观方面的验证，下一步有待于采用例如 PIV 试验对空泡内部流场结果进行补充验证。

(2) 进一步建立更加完善的数学模型描述航行体运动过程中非定常空泡流动。

(3) 开展空化器多自由度运动数值研究，分析空化器攻角与偏航角对流体动力的影响，开展垂直尾翼对航行体流体动力的影响，尤其是偏航力研究。

(4) 不同航行体运动状态下，航行体弹道预测。

参 考 文 献

[1] Bechert D W，Bruse M，Hage W，et al. Experiments on drag-reducing surfaces and their optimization with an adjustable geometry [J]. Fluid Mechanics，1997，338：59-87.

[2] Walsh M J. Ihrbulent boundary layer drag reduction using riblets [C]. In：American Institute of Aeronautics and Astronautics，Aerospace Sciences Meeting，20th，Orlando，AIAA- 82-0169，1982 Park S R.

[3] Neumann D，Dlinkelacker A. Drag measurements on V-grooved surfaces on a body of revolution in axial flow [J]. Applied Scientific Research，1991，48 (1)：105-114.

[4] Debisschop J R，Nieuwstadt T M. Turbulent boundary layer in an adverse pressure gradient：effectiveness of riblets [J]. AIAA Journal，1996，34 (5)：932-937.

[5] Bixler G D，Bhushan B. Fluid drag reduction with shark-skin riblet inspired microstmctured surfaces [J]. Advanced Functional Materials，2013，23 (36)：4507-4528.

[6] Bixler G D，Bhushan B. Shark skin inspired low drag microstmctured surfaces in closed channel flow [J]. Journal of Colloid and lnterface Science，2013，393：384-396.

[7] 王晋军. 沟槽面湍流边界层减阻特性研究 [J]. 中国造船，2001，42 (4)：1-4.

[8] 柯桂喜，潘光，黄桥高，等. 水下减阻技术综述 [J]. 力学进展，2009，39 (5)：546-554.

[9] Cheng P P，Jiang C G，Wu C W. Numerical simulation of drag reduction characteristics in bionic secondary micro-grooved surface [J]. China Sciencepaper，2014，(08)：940-943.

[10] Zhao H L. Study on drag reduction characteristic and drag reduction mechanism of bionic jetting surface [D]. Harbin：llarbin L，ngineering Lniversity，2011.

[11] Gu Y Q，Zhao G，Zhao H L，et al. Simulation study on dragreduction characteristics of bionic jet flow based on shark gill [J]. Journal of China Ordnance，2012，(10)：1230-1236.

[12] 赵刚，谷云庆，许国玉，等. 仿生射流表面减阻特性实验研 [J]. 中南大学学报（自然科学版），2012，(08)：3007-3012.

[13] 李芳，赵刚，刘维新，等. 多孔仿生射流表面减阻特性数值模拟 [J]. 吉林大学学报（工学版），2013.

[14] Kramer M O. Boundlayer stabilization by distributed damping [J]. Joumal of the Aeronautical Sciences，1957，24 (6)：459-460.

[15] Choi K S，Yang X，Clayton B，et al. Turbulent drag reduction using compliant surfaces [J]. Proceedings of the Royal Society of London，Series A：Mathematical，Physical and Engineering Sciences，1997，453 (1965)：2229-2240.

[16] Pavlov V. Dolphin skin as a natural anisotropic compliant wall [J]. Bioinspiration&biomimetics，2006，1 (2)：31.

[17] Kulik V M，Lee I，Chun H. Wave properties of coating for skin friction reduction [J]. Physics of Fluids，1994.

[18] Wu J，Shu C，Zhao N. lnvestation of flow characteristics around a stahonam circular cylinder with an undulatory plate [J]. European Journal of Mechanics J3-Fluids，2014，48：27-39.

[19] 李万平，杨新祥. 柔性壁减阻的试验研究 [J]. 水动力学研究与进展（A 辑），1991 (S1)：108-112.

[20] 蔡书鹏，唐川林，张凤华，等. 柔性管流体输送紊流减阻的力学特征 [J]. 四川大学学报（工程科学版），2009，(02)：24-28.

[21] 顾建农，晏欣，张志宏，等. 基于PIV测量的柔性壁减阻试验 [J]. 舰船科学技术，2012，(11)：82-85，121.

[22] 田丽梅，高志桦，王银慈，等. 形态/柔性材料二元仿生耦合增效减阻功能表面的设计与试验 [J]. 吉林大学学报（工学版），2013，(04)：970-975.

[23] Mccormick M E，Bhattacharyya R. Drag reduction of a subersible hull by electrolysis [J]. Naval Engineers Journal，1973，85 (2)：11-15.

[24] Bogdevich V L，Vseev A，Malyuga A，et al. Gas-saturation effect on near wall turbulence characteristics [C]. In 2nd lnt BHRA Fluid Drag Reduction Conf (Gnited States)，1977.

[25] Madavan N，Deutsch S，Merkle C. The effects of porous material on microbubble akin friction reduction [C]. Defense Technical Information Center，1983.

[26] Deutsch S，Castano. Microbubble akin friction reduction on an axismetry body [C]. DTIC Document.，1985.

[27] 杨素珍，韩洪双，张铭歌. 滑行艇“导风垫气”减阻试验研究 [J]. 中国造船，1985，(04)：24-30.

[28] Savchenko Y N. Supercavitation-problems and perspectives [C]. In：CAV 2001. Fourth International Symposium on Cavitation. Lecture 003. Pasadena：California Institute of Technology，2001：1-8.

[29] 于开平，隗喜斌，蒋增辉. 俄罗斯和乌克兰超空泡减阻技术研究进展 [J]. 飞航导弹，2007，(8)：5-11.

[30] 傅金祝. 超空泡水中兵器 [J]. 水雷战与舰船防护，1998，6 (2)：2-4.

[31] 丛敏，魏国福. 美国海军的超空泡研究计划 [J]. 飞航导弹，2009，(1)：17-20.

[32] 傅金祝. 美国的快速机载灭雷系统 [J]. 水雷战与舰船防护，1998，6 (4)：41-44.

[33] 朱炳贤，周鹰. 美国的快速机载扫雷系统 [J]. 水雷战与舰船防护，2005，13 (3)：12-16.

[34] 金大桥，王聪，余锋. 水下超空泡射弹研究综述 [J]. 飞航导弹，2010，(7)：19-23.

[35] Ashley S. Warp-drive Underwater [J]. Scientific American，2001，(2)：62-71.

[36] 傅金祝. 超空泡水下航行体 [J]. 水雷战与舰船防护，2002，10 (1)：28-30.

[37] 颜开，褚学森，许晟，等. 超空泡流体动力学研究进展 [J]. 船舶力学，2006，10 (4)：148-155.

[38] Logvinovich G V. Some Problems of Supercavitating Flows [C]. In：Cantwell B，Masure B，Grinchenko V T，et al.，eds. High Speed Body Motion in Water. AGARD-R-827. Hull：Canada Communication Group Inc，1998：189-193.

[39] Logvinovich G V. Hydrodynamics of Flows with Free Boundaries [M]. Naukova Dumka，Kiev，1969. (in Russian).

[40] Ziemmerman S. Submarine technology for the 21st century [M]. Trafford Publishing，2nd edition，2000.

[41] Levinson N. On the asymptotic shape of the cavity behind an axially symmetric nose moving through an ideal fluid [J]. Ann. Math. 1946，47：704-730.

[42] Garabedian P R. Calculation of axially symmetric cavities and jets [J]. Pac J Math，1956，6 (4)：611-684.

[43] Knapp R，daily J，Hammitt F. Cavitation [M]. McGraw-Hill，New York，1970.

[44] May A. Water entry and the cavity running behavior of missiles [R]. Maryland：NTIS，1975.

[45] May A. Vertical entry of missiles into water [J]. Journal of Applied Physics, 1952, 23: 1362-1372.

[46] May A. The cavity after vertical water entry [R]. AD 679905, 1963.

[47] Kunz R F, Lindau J W, Billet M L, et al. Multiphase CFD modeling of developed and supercavitating flows [R]. RTO AVT Lecture Series on "Supercavitating Flows", von Kármán Institute (VKI) in Brussels, Belgium, 2002: 269-312.

[48] Reichardt H. The laws of cavitation bubbles at axially symmetrical bodies in a flow [R]. Ministry of Aircraft Production Volkenrode, MAP-VC, Report and Translations 766, ONR, 1946.

[49] Kirschner I N, Fine N E, Gieseke T A, et al. Supercavitation research and development [J]. PRO Undersea defense Technologies, Hawaii, 2001: 1-10.

[50] Kirschner I N. Results of selected experiments involving supercavitating Flows [R]. VKI Special Course on Supercavitating Flows, Brussels, 2001: RTO-EN-010 (15).

[51] Savchenko Y N. Experimental investigation of supercavitating motion of bodies [R]. RTO AVT Lecture Series on "Supercavitating Flows", von Kármán Institute (VKI) in Brussels, Belgium, 2001, 4: 1-24.

[52] Savchenko Y N, Semenenko V N. Unsteady supercavitated motion of bodies [J]. International Journal of Fluid Mechanics Research, 2000, 27 (1): 109-137.

[53] Savchenko Y N. Modeling the supercavitation processes [J]. International Journal of Fluid Mechanics Research, 2001, 28 (5): 644-659.

[54] Savchenko Y N, Semenko Y A, Putilin S I. Some problems of the supercavitating motion management [C]. CAV2006 Sixth International Symposium on Cavitation, Wageningen, The Nethelands. 2006.

[55] Phillip B B. Supercavitation [M]. California State Science Fair 2002 Project Summary, Project Number: J0102, 2002.

[56] Silberman E, Song C S. Instability of Ventilated Cavities [J]. Journal of Ship Research, 1961, 13-33.

[57] Wosnik M, Schauer T J, Arndt E I. Experimental study of A ventilated supercavitating vehicle [C]. Fifth International Symposium on Cavitation, Osaka, Japan, November 1-4, 2003, OS-7-008.

[58] Kuklinski R T, Henoch C, Castano J. Experimental study of ventilated cavities on dynamic test model [C]. Naval Undersea Warfare Center, Cav2001: Session B3. 004, 2001.

[59] Stinebring D R, Billet M L, Lindau J W, et al. Developed cavitation-cavity dynamics [R]. Van Den Braembussche, ed. VKI Special Course on Supercavitating Flows, Brussels, 2001: RTO-EN-010 (5).

[60] Ota T, Ueda K, Yoshikawa H. Hysteresis of flow around an elliptic cylinder in critical reynolds number regime [C]. ASME Heat Transfer/Fluids Engineering Summer Conference, Charlotte, North Carolina USA, 2004. HT-FED04-56141.

[61] Ota T, Tsubura I, Yoshikawa H. Unsteady cavitating flow around an inclined rectangular cylinde [C]. ASME Heat Transfer/Fluids Engineering Summer Conference, Charlotte, North Carolina USA, 2004. HT-FED04-56143.

[62] Savchenko Y N. High-speed body motion at supercavitating flow [C]. Third International Symposiumon Cavitation, April 1998, Grenoble, France.

[63] Savchenko Y N, Vlasenko Y D, Senenenko V N. Experimental study of high-speed cavitated flows [J]. International Journal of Fluid Mechanics Research, 1999, 26 (3): 365-374.

[64] Vlasenko Y D. Experimental investigation of supercavitation flow regimes at subsonic and transonic speeds [C]. CAV2003 Fifth International Symposium on Cavitation, Osaka, Japan, 2003,

Cav03-GS-6-006：1-8.

[65] Hrubes J D. High speed imaging of supercavitating underwater projectiles [J]. Experiments in Fluids，2001，30：57-64.

[66] Kirschner I N，Rosenthal B J，Uhlman J S. simplified dynamical systems analysis of Supercavitating high-speed bodies [C]. CAV2003 Fifth International Symposium on Cavitation，Osaka，Japan，2003，Cav03-OS-7-005：1-8.

[67] Truscott T T，Beal D N，Techet A H. Shallow angle water entry of ballistic projectile [C]. Cav2009，Ann Arbor，Michigan，USA，2009（100）：1-14.

[68] Cameron P J K，Rogers P H，doane J W，et al. An experiment for the study of free flying supercavitating projectiles [J]. Journal of Fluids Engineering，2011，133（021303）：1-9.

[69] 王海斌，王聪，魏英杰，等. 轴对称航行体通气超空泡的特性实验研究 [J]. 工程力学，2007，24（2）：166-171.

[70] 王海斌，王聪，魏英杰，等. 水下航行体通气超空泡的实验研究 [J]. 船舶力学，2007，11（4）：514-520.

[71] 隗喜斌，魏英杰，黄庆新，等. 通气超空泡临界通气率的水洞试验分析 [J]. 哈尔滨工业大学学报，2007，39（5）：797-799.

[72] 贾力平，张嘉钟，于开平，等. 空化器线形与超空泡减阻效果关系研究 [J]. 船舶工程，2006，28（2）：20-23.

[73] 贾力平，王聪，于开平，等. 空化器参数对通气超空泡形态影响的实验研究 [J]. 工程力学，2007，24（3）：159-164.

[74] 蒋增辉，于开平，张嘉钟，等. 超空泡航行体尾部流体动力特性试验模型支撑方式的选择研究 [J]. 机械科学与技术，2007，26（12）：1648-1651.

[75] 蒋增辉，于开平，张嘉钟，等. 超空泡航行体尾部流体动力特性试验研究 [J]. 工程力学，2008，25（3）：26-30.

[76] 张学伟，张嘉钟，王聪，等. 通气超空泡形态及其稳定性实验研究 [J]. 哈尔滨工程大学学报，2007，28（4）：381-387.

[77] 曹伟，王聪，魏英杰，等. 自然超空泡形态特性的射弹试验研究 [J]. 工程力学，2006，23（12）：175-187.

[78] 金大桥，王聪，魏英杰，等. 通气超空泡水下射弹实验研究 [J]. 工程力学，2011，28（9）：214-222.

[79] 金大桥，王聪，曹伟，等. 通气超空泡水下射弹数值模拟及试验研究 [J]. 兵工学报，2011，32（10）：1184-1188.

[80] 陈伟政，张宇文，袁绪龙，等. 重力场对轴对称体稳定空泡形态影响的实验研究 [J]. 西北工业大学学报，2004，24（3）：274-278.

[81] 杨武刚，张宇文，阚雷，等. 通气法控制超空泡流动的实验研究 [J]. 应用力学学报，2007，24（4）：504-508.

[82] 张琦. 超高速航行体尾部流场特性分析与试验研究 [D]. 西北工业大学硕士论文，2006：38-45.

[83] 裴譞，张宇文，孟生，等. 超空泡航行器尾喷管实验研究 [J]. 应用力学学报，2010，27（3）：584-588.

[84] 谢正桐，何友声. 小攻角下轴对称细长体的充气空泡试验研究 [J]. 试验力学，1999，14（3）：279-287.

[85] Feng X M，Lu C J，Hu T Q. Experimental research on a supercavitating slender body of revolution with ventilation [J]. Journal of Hydrodynamics，2002，Ser. B，14（2）：17-23.

[86] 蒋洁明，鲁传敬，胡天群，等. 轴对称体通气空泡的水动力试验研究 [J]. 力学季刊，2004，25 (4)：450-456.

[87] 李其跋，胡天群，何友声. 超空泡航行体摆动实验研究 [C]. 第七届全国实验流体力学学术会议，2007，114-119.

[88] Lee Q T，Xue L P，He Y S. Experimental study of ventilated supercavities with a dynamic pitching model [J]. Journal of Hydrodynamics，2008，20 (4)：456-460.

[89] Li X B，Wang G Y，Zhang M D. Structures of Supercavitating Multiphase Flows [C]. International Journal of Thermal sciences，2008，47 (10)：1263-1275.

[90] 易淑群，张明辉，周建伟，等. 攻角对轴向约束模型加速过程超空泡影响的试验研究 [J]. 水动力学研究与进展，2010，25 (3)：292-298.

[91] 易淑群，惠昌年，周建伟，等. 通气量对轴向加速过程超空泡发展规律影响的试验研究 [J]. 船舶力学，2009，13 (4)：522-526.

[92] 顾建农，张志宏，高永琪，等. 充气头型对超空泡轴对称体阻力特性影响的试验研究 [J]. 兵工学报，2004，25 (6)：766-769.

[93] Senocak I. Computational methodology for the simulation of turbulent cavitating flows [D]. Phd dissertation，University of Florida，USA. 2002：23-26.

[94] Logvinovich G V. Subsonic compressible flow past a body with developed cavitation [J]. Fluid dynamics，2002，37 (6)：873-876.

[95] Vasin A D. Supercavities in compressible fluid [R]. RTO AVT Lecture Series on "Supercavitating Flows"，von Kármán Institute (VKI) in Brussels，Belgium，2001，16：1-29.

[96] Vasin A D. The principle of independence of the cavity sections expansion as the basis for investigation on cavitation flows [R]. RTO AVT Lecture Series on "Supercavitating Flows"，von Kármán Institute (VKI) in Brussels，Belgium，2001，8：1-27.

[97] Serebryakov V V. Problems of hydrodynamics for high speed motion in water with supercavitation [C]. CAV2006 Sixth International Symposium on Cavitation，Wageningen，Netherlands，2006.

[98] 张学伟，张亮，王聪，等. 基于 Logvinovich 独立膨胀原理的超空泡形态计算方法 [J]. 兵工学报，2009，30 (3)：361-365.

[99] Alyanak E，Venkayya V，Grandhi R，Penmetsa. Variable shape cavitator design for a supercavitating torpedo [C]. Collection of Technical Papers- 10th AIAA/ISSMO Multidisciplinary Analysis and Optimization Conference，August 30，2004-September 1，2004.

[100] Alyanak E，Venkayya V. Cavitator design for a supercavitating torpedo using evidence theory for reliability estimation [C]. 3rd M. I. T. Conference on Computational Fluid and Solid Mechanics，June 14，2005- June 17，2005.

[101] 张志宏，孟庆昌，顾建农，等. 水下亚音速细长锥型射弹超空泡形态的计算方法 [J]. 爆炸与冲击，2010，30 (3)：254-261.

[102] 孟庆昌，张志宏，顾建农，等. 超空泡射弹尾拍分析与计算 [J]. 爆炸与冲击，2009，29 (1)：56-60.

[103] Merkle C L，Feng J，Buelow P O. Computational modeling of the dynamics of sheet cavitation [C]. 3rd International Symposium on Cavitation，Grenoble，France，1998：307-313.

[104] Ahujia V，Hosangadi A，Arunajatesan S. Simulations of cavitating flows using hybrid unstructured meshes [J]. Transactions of the ASME，2001，123：332-340.

[105] Yuan W，Schnerr G H. Numerical simulation of two-phase flow in injection nozzles：interaction of cavitation and external jet formation [J]. Journal of Fluids Engineering，2003，125：963-969.

[106] Vaidyanathan R，Senocak I et al. Sensitivity evaluation of a transport-based turbulent cavitation model [J]. Journal of Fluids Engineering，2003，125：447-458.

[107] 王海斌，张嘉钟，魏英杰，等. 空泡形态与典型空化器参数关系的研究——小空泡数下的发展空泡形态 [J]. 水动力学研究与进展，2005，25 (2)：251-257.

[108] 贾力平，张嘉钟，于开平，等. 空化器线形与超空泡减阻效果关系研究 [J]. 船舶工程，2006，28 (2)：20-23.

[109] 贾力平. 空化器诱导超空泡特性的数值仿真与试验研究 [D]. 哈尔滨：哈尔滨工业大学，2007：33-94.

[110] 黄海龙，王聪，黄文虎，等. 变攻角圆盘空化器生成自然超空泡数值模拟 [J]. 北京理工大学学报，2008，28 (2)：100-103.

[111] 黄海龙，魏英杰，黄文虎，等. 重力场对通气超空泡影响的数值模拟研究 [J]. 哈尔滨工业大学学报，2007，29 (5)：800-803.

[112] 杨武刚，张宇文，邓飞，等. 通气流量对超空泡外形特征影响实验研究 [J]. 西北工业大学学报，2007，25 (3)：358-362.

[113] 杨武刚，张宇文，阚雷. 高速水下航行体超空化通气参数数值研究 [J]. 弹箭与制导学报，2007，27 (4)：198-200.

[114] 周家胜，易文俊，王中原，等. 水下射弹的空泡形态特性研究 [J]. 弹箭与制导学报，2007，27 (3)：173-178.

[115] 易文俊，王中原，熊天红，等. 水下高速射弹超空泡减阻特性研究 [J]. 弹道学报，2008，20 (4)：1-4.

[116] 易文俊，熊天红，刘怡昕. 水下高速射弹超空泡形态特性的数值模拟研究 [J]. 舰船科学技术，2008，30 (4)：117-121.

[117] 熊天红，易文俊. 高速射弹超空泡减阻试验研究与数值模拟分析 [J]. 工程力学，2009，26 (8)：174-178.

[118] 熊天红，李铁鹏，易文俊，等. 水下高速射弹超空泡形态与阻力特性研究 [J]. 弹道学报，2009，21 (2)：100-102.

[119] 张博、王国玉. 绕 Clark-y 水翼云状空化流动的数值计算与实验对比 [C]. 中国工程热物理学会第十三届学术会议，2007：8-16.

[120] 李向宾，王国玉，张博，等. RNG k-ε 模型在超空化流动计算中的应用评价 [J]. 水动力学研究与进展，2008，23 (2)：181-188.

[121] 黄彪，王国玉. 基于 k-ω SST 模型的 DES 方法在空化流动计算中的应用 [J]. 中国机械工程，2010，21 (1)：85-88.

[122] Wang G，Ostoja S M. Large eddy simulation of a sheet/ cloud cavitation on a NACA0015 Hydrofoil [J]. Applied Mathematical Modelling，2007，31 (3)：417-447.

[123] Wu J. Filter-based modeling of unsteady turbulent cavitating flow computations [M]. Gainesville：University of Florida，2005.

[124] 余志毅，顾玲燕，李向宾，等. 滤波器湍流模型在超空化流动计算中的应用评价 [J]. 北京理工大学学报，2008，28 (1)：32-36.

[125] 隗喜斌，王聪，荣吉利，等. 锥体空化器非定常超空泡形态分析 [J]. 兵工学报，2007，28 (7)：863-866.

[126] 杨洪澜，张嘉钟，赵存宝. 变速运动锥体超空泡形状分析与预测 [J]. 水动力学研究与进展，A 辑，2007，22 (1)：53-60.

[127] Christopher E B. Fundamentals of multiphase flow [J]. California Institute of Technology，2003：

19-15.

[128] 王福军. 计算流体动力学分析—CFD 软件原理与应用 [M]. 北京：清华大学出版社，2004：24-75.

[129] Fasel H F，Seidel J，Wernz S. A methodology for simulation of complex turbulent flows [J]. Journal of Fluids Engineering，2002，124：933-42.

[130] Zhang H J，Bachman C，Fasel H F. Application of A new methodology for simulations of complex turbulent flows [R]. AIAA Paper，2000：2000-2535.

[131] Speziale C G. Turbulence modeling for time-dependent RANS and VLES：a review [R]. AIAA J 1998，36 (2)：173 - 84.

[132] Speziale C G. Computing non-equilibrium turbulent flows with time dependent RANS and VLES [C]. In：15th International Conference on Numerical Methods in Fluid Fynamics，Monterey，1996.

[133] Shur M L，Spalart P R. A hybrid RANS-LES approach with delayed-dES and wall-modelled LES capabilities [J]. International Journal of Heat and Fluid Flow，2008，(29)：1638-1649.

[134] Davidson L，Billson M. Hybrid LES-RANS using synthesized turbulent fluctuations for forcing in the interface region [J]. International Journal of Heat and Fluid Flow，2006，(27)：1028-1042.

[135] Temmerman L，Hadzˇiabdic M et al. A hybrid two-layer URANS-LES approach for large eddy simulation at high reynolds numbers [J]. International Journal of Heat and Fluid Flow，2005，(26)：173-190.

[136] Mathey F，Cokljat D. Specification of LES inlet boundary condition using vortex method [C]. In：Hanjalic K，Nagano Y，Tummers M，editors. Turbulence Heat，and Mass Transfer，vol. 4. Begell House，2003.

[137] Sergent E，Bertoglio J P，Laurence D. Coupling between large-eddy simulation and reynolds-averaged navier-stokes [C]. In：Presentation at 3rd International Workshop on Direct and Large Eddy Simulation，Munich，no written contribution，2003.

[138] Spalart P R，Jou W H. Comments on the feasibility of LES for wings，and on a hybrid RANS/LES approach [C]. In：Proceedings of First AFOSR International Conference on DNS/LES，Ruston，Louisiana. Greyden Press，Aug，1997，4-8.

[139] Menter F R，Kuntz M. Adaptation of eddy-viscosity turbulence models to unsteady separated flow behind vehicles [C]. In：McCallen R，Browand F，Ross J. editors. Symposium on "the aerodynamics of heavy vehicles：trucks，buses and trains." Monterey，USA，Dec 2002，2-6.

[140] Merkle C L，Feng L，Buelow P O. Computational modeling of the dynamics of sheet cavitation [C]. Third International Symposium on Cavitation，Grenoble，France，1998：307-313.

[141] Kunz R F，Boger D A，Chyczewski T S，et al. Multi-Phase CFd analysis of natural and ventilated cavitation about submerged bodies [C]. Third ASME/JSME Joint Fluids Engineering Conference，San Francisco，California，1999：FEDSM99-7364.

[142] Senocak I. Computational methodology for the simulation of turbulent cavitating flows [D]. Phd dissertation，University of Florida，USA. 2002：38-47.

[143] Singhal A K，Athavale M M，Li H Y，et al. Mathematical basis and validation of the full cavitation model [J]. Journal of Fluids Engineering，2002，124 (3)：617-624.